Premiere Pro 2023

全面精通

视频剪辑+颜色调整+转场特效+字幕制作+案例实战

周玉姣◎编著

清华大学出版社

北京

内 容 简 介

本书集结了抖音、快手、B站、小红书中许多的火爆案例，从两条线进行深入讲解，帮助读者全面精通
Premiere Pro 2023，熟练掌握该软件的视频制作、剪辑、特效添加以及后期处理等技巧。

一条是"纵向技能线"：本书介绍了Premiere Pro 2023视频处理与特效制作的核心技法，包括软件入
门、基本操作、视频剪辑、颜色调整、转场特效、视频滤镜、字幕制作、音频编辑、合成运动、后期输出，
对Premiere Pro 2023的各项核心技术进行了全面且详细的讲解，帮助读者快速掌握视频剪辑、处理与制作的
方法。

另一条是"横向案例线"：本书详细介绍了对各种类型的视频、照片素材进行后期剪辑与特效制作的
方法及技巧，最后三章进行了综合案例实战讲解。通过对这些内容的阅读学习，读者可以融会贯通、举一反
三，从而轻松完成自己的视频作品。

本书适用于Premiere的初、中级学习者，不仅可供广大视频编辑爱好者阅读，同时也可以作为各类相关
专业的教材。

图书在版编目(CIP)数据

Premiere Pro 2023全面精通：视频剪辑+颜色调整+转场特效+字幕制作+案例实战 / 周玉姣编著. —北京：
清华大学出版社，2023.11（2024.7重印）

ISBN 978-7-302-64830-7

Ⅰ.①P… Ⅱ.①周… Ⅲ.①视频编辑软件 Ⅳ.①TP317.53

中国国家版本馆CIP数据核字(2023)第206074号

责任编辑：韩宜波
封面设计：杨玉兰
责任校对：李玉茹
责任印制：曹婉颖

出版发行：清华大学出版社
　　　　网　　　址：https://www.tup.com.cn，https://www.wqxuetang.com
　　　　地　　　址：北京清华大学学研大厦A座　　　　　邮　　编：100084
　　　　社 总 机：010-83470000　　　　　　　　　　　邮　　购：010-62786544
　　　　投稿与读者服务：010-62776969，c-service@tup.tsinghua.edu.cn
　　　　质 量 反 馈：010-62772015，zhiliang@tup.tsinghua.edu.cn

印 装 者：三河市君旺印务有限公司
经　　销：全国新华书店
开　　本：190mm×260mm　　　印　　张：18　　　字　　数：446千字
版　　次：2023年12月第1版　　　印　　次：2024年7月第2次印刷
定　　价：99.00元

产品编号：102051-01

前 言
PREFACE

★ 写作驱动

    Premiere Pro 2023 是美国 Adobe 公司出品的视音频非线性编辑软件，是视频编辑爱好者和专业人士必不可少的视音频编辑工具，支持当前所有标清和高清格式的实时编辑。它提供了采集、剪辑、调色、美化音频、字幕添加以及输出等一整套方法，并和其他 Adobe 软件高效集成，可以满足用户创建高质量作品的要求。目前，这款软件广泛应用于影视编辑、广告制作和电视节目的制作中。

	Premiere Pro 2023 全面精通				
	纵向技能线		横向案例线		
基础知识	视频剪辑	视频标记	风光美景	个人写真	广告制作
调整色彩	转场特效	创建字幕	影视动画	图书宣传	星空延时
影视滤镜	字幕特效	编辑音频	抖音视频	夜景卡点	旅游视频

★ 本书特色

    1. 3 大案例专题实战：本书从星空延时、图书宣传以及抖音视频 3 个方面，精心挑选素材并制作了 3 个大型影像案例，即《灿若星河》《调色全面精通》《夜景卡点》，帮助读者掌握 Premiere Pro 2023 的精髓内容。

    2. 5 大篇幅内容安排：本书结构清晰，共涵盖 5 大内容，即视频剪辑、颜色调整、转场特效、字幕制作以及实战案例，帮助读者循序渐进、稳扎稳打地掌握软件的核心技能与各种视频剪辑的操作技巧。

    3. 140 多个技能实例演练：本书通过大量的技能实例来辅助讲解软件操作方法，共计 140 多个，帮助读者在实战演练中逐步掌握软件的核心技能与操作技巧。与同类书相比，本书能帮助读者更快速地掌握 Premiere Pro 2023 软件的操作技能，从而使读者从新手快速进入设计高手的行列。

    4. 200 多分钟语音视频演示：书中 140 多个技能实例的操作，以及最后 3 大专题案例全部录制了带语音讲解的演示视频，时间长达 200 多分钟，生动而形象地重现书中所有技能实例的操作步骤，从而让学习更加轻松。

5. 510 多个素材效果奉献：随书附送的资源中包含了 280 多个素材文件、230 多个效果文件。其中，素材涉及风光美景、节日庆典、烟花晚会、场景动画、古风视频、旅游照片、个人写真、家乡美景、特色建筑及商业素材等，各类素材应有尽有，以供读者选择使用。

6. 1250 多张图片全程图解：本书采用了 1250 多张图片对软件技术、实例内容、效果展示进行了全过程式的图解，通过这些大量清晰的图片讲解，实例的内容变得通俗易懂，读者可以快速领会制作技巧，从而制作出更多专业的影视作品。

✦ 特别提醒

本书依据 Premiere Pro 2023 软件进行编写，请用户一定要使用同版本软件。如果直接打开资源中的效果，可能会弹出重新链接素材的提示，甚至提示丢失信息等，这都属于正常现象，这是因为每个用户安装的 Premiere Pro 2023 及素材与效果文件的路径不一致或发生了改变，用户只需将这些素材重新链接到素材文件夹中的相应文件，即可正常使用。

素材 1　　　素材 2　　　素材 3　　　效果 1　　　效果 2　　　效果 3　　效果 4 和视频

✦ 版权声明

本书附送资源中所采用的图片、模型、音频、视频和赠品等素材，均为所属公司、网站或个人所有，本书引用仅为说明（教学）之用，绝无侵权之意，特此声明。

本书提供了大量技能实例的素材文件、效果文件以及视频文件，扫一扫下面的二维码，推送到自己的邮箱后下载获取。

✦ 作者售后

本书由周玉姣编著，参与编写的人员还有龙婉娴等人，在此表示感谢。由于作者知识水平有限，书中难免有疏漏之处，恳请广大读者批评、指正。

编　者

目　录
CONTENTS

第1章

新手启蒙：Premiere Pro 2023 入门

章前知识导读

　　使用 Premiere Pro 2023 非线性影视编辑软件编辑视频和音频文件之前，首先需要了解该软件相关的知识，如认识 Premiere Pro 2023 工作界面、了解操作界面、掌握剪辑相关工具及其操作方法等内容，从而为用户制作绚丽的影视作品奠定良好的基础。通过本章的学习，读者可以掌握 Premiere Pro 2023 的相关知识。

新手重点索引

- 认识 Premiere Pro 2023 工作界面
- 了解 Premiere Pro 2023 操作界面
- 掌握项目文件的基础知识
- 掌握素材文件的基本操作
- 掌握各种工具的操作方法
- 了解 Premiere Pro 2023 新增内容

效果图片欣赏

1.1 认识 Premiere Pro 2023 工作界面

在启动 Premiere Pro 2023 软件后，便可以看到 Premiere Pro 2023 简洁的工作界面。其中主要包括标题栏、监视器面板以及"历史记录"面板等。本节将对 Premiere Pro 2023 工作界面的一些常用内容进行介绍。

1.1.1 认识标题栏：显示系统运行的文件信息

标题栏位于 Premiere Pro 2023 软件窗口的最上方，显示了系统当前正在运行的程序名及文件名等信息。Premiere Pro 2023 默认的文件名称为"未命名"，单击标题栏右侧的按钮组 — □ ✕ ，可以执行最小化、最大化或关闭 Premiere Pro 2023 程序窗口的操作。

1.1.2 监视器面板：Premiere Pro 2023 的显示模式

启动 Premiere Pro 2023 软件并任意打开一个项目文件后，可看到默认的监视器面板分为"源监视器"面板和"节目监视器"面板两部分，如图 1-1 所示。

图 1-1　默认显示模式

用户也可以在"节目监视器"面板上用鼠标单击▤按钮，在弹出的下拉列表中选择"浮动面板"选项，即可将面板设置为"浮动面板"模式，如图 1-2 所示。

图 1-2　"浮动面板"模式

1.1.3 监视器面板：预览与剪辑
项目素材文件

监视器面板可以分为以下两种。

⬤ "源监视器"面板：在该面板中可以对项目进行剪辑和预览。

⬤ "节目监视器"面板：在该面板中可以预览项目素材，如图1-3所示。

图 1-3 "节目监视器"面板

在"节目监视器"面板中各个图标的含义如下。

❶ 添加标记🏷：单击该按钮，可以添加标记。

❷ 标记入点┨：单击该按钮，可以将时间轴标尺所在的位置标记为素材入点。

❸ 标记出点┠：单击该按钮，可以将时间轴标尺所在的位置标记为素材出点。

❹ 转到入点◀┤：单击该按钮，可以跳转到素材入点。

❺ 后退一帧◀┃：每单击该按钮一次，可将素材后退一帧。

❻ 播放 - 停止切换▶：单击该按钮即可播放所选素材，再次单击该按钮则会停止播放。

❼ 前进一帧┃▶：每单击该按钮一次，可使素材前进一帧。

❽ 转到出点▶┃：单击该按钮，可以跳转到素材出点。

❾ 提升▣：单击该按钮，可以将在播放窗口中标注的素材从"时间轴"面板中提出，其他素材的位置不变。

❿ 提取▣：单击该按钮，可以将在播放窗口中标注的素材从"时间轴"面板中提取，后面的素材位置自动向前对齐填补间隙。

⓫ 导出帧📷：单击该按钮，可以将在播放窗口中设置的关键帧从"时间轴"面板中导出来。

⓬ 按钮编辑器➕：单击该按钮，将弹出"按钮编辑器"面板，在该面板中可以重新布局监视器面板中的按钮。

1.1.4 "历史记录"面板：记录项目的历史操作命令

在 Premiere Pro 2023 中，"历史记录"面板主要用于记录编辑操作时执行的每一个命令。

用户可以通过在"历史记录"面板中删除指定的命令来还原之前的编辑操作，如图1-4所示。当用户选择"历史记录"面板中的历史记录后，单击"历史记录"面板右下角的"删除重做操作"按钮🗑，即可将当前历史记录删除。

图 1-4 "历史记录"面板

1.1.5 "信息"面板：显示素材的当前序列信息

"信息"面板用于显示所选素材以及当前序列中素材的信息。"信息"面板中包括素材本身的帧速率、分辨率、素材持续时间长度和素材在序列中的位置等，如图1-5所示。在 Premiere Pro 2023 中，不同的素材类型，"信息"面板中所显示的内容也会不一样。

图 1-5 "信息"面板

1.1.6 认识菜单栏：了解菜单选项的组成定义

与 Adobe 公司其他产品一样，标题栏位于 Premiere Pro 2023 工作界面的最上方；菜单栏提供了 9 组菜单选项，位于标题栏的下方。Premiere Pro 2023 的菜单栏由"文件""编辑""剪辑""序列""标记""图形和标题""视图""窗口""帮助"菜单组成。下面对各菜单的含义进行介绍。

- "文件"菜单：主要用于对项目文件进行操作。在"文件"菜单中包含"新建""打开项目""关闭项目""保存""另存为""保存副本""捕捉""批量捕捉""导入""导出""退出"等命令，如图 1-6 所示。

- "编辑"菜单：主要用于一些常规编辑操作。在"编辑"菜单中包含"撤销""重做""剪切""复制""粘贴""清除""波纹删除""全选""查找""标签""快捷键""首选项"等命令，如图 1-7 所示。

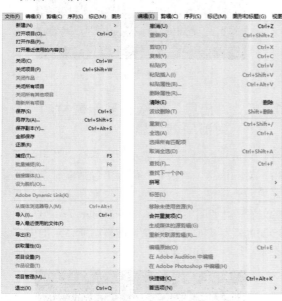

图 1-6 "文件"菜单　　图 1-7 "编辑"菜单

> ▶ **专家指点**
>
> 当用户将鼠标指针移至菜单中带有三角图标的命令时，该命令将会自动弹出子菜单；如果命令呈灰色显示，表示该命令在当前状态下无法使用；单击带有省略号的命令，将会弹出相应的对话框。

- "剪辑"菜单：用于实现对素材的具体操作。Premiere Pro 2023 中剪辑影片的大多数命令都位于该菜单中，如"重命名""修改""视频选项""捕捉设置""覆盖""替换素材"等命令，如图 1-8 所示。

- "序列"菜单：主要用于对项目中当前活动的序列进行编辑和处理。在"序列"菜单中包含"序列设置""渲染音频""提升""提取""放大""缩小""添加轨道""删除轨道"等命令，如图 1-9 所示。

图 1-8 "剪辑"菜单　　图 1-9 "序列"菜单

- "标记"菜单：用于对素材和场景序列的标记进行编辑处理。在"标记"菜单中包含"标记入点""标记出点""转到入点""转到出点""添加标记""清除所选标记"等命令，如图 1-10 所示。

- "图形和标题"菜单：主要用于实现图形制作过程中的各项编辑和调整操作。在"图形和标题"菜单中包含"对齐到选区""排列""升级为源图""导出为动态图形模板"等命令，如图 1-11 所示。

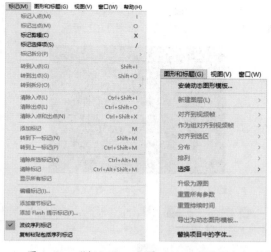

图 1-10　"标记"　图 1-11　"图形和标题"
　　　　菜单　　　　　　　菜单

- "视图"菜单：主要用于调整监视器中视频的画面。在"视图"菜单中包含"回放分辨率""显示模式""放大率""显示标尺""显示参考线""在节目监视器中对齐"等命令，如图 1-12 所示。
- "窗口"菜单：主要用于实现对各种编辑窗口和控制面板的管理操作。在"窗口"菜单中包含"工作区""扩展""事件""信息""历史记录""参考监视器"等命令，如图 1-13 所示。
- "帮助"菜单：用于为用户提供在线帮助。在"帮助"菜单中包含"Premiere Pro 帮助""Premiere Pro 应用内教程""键盘""登录""更新"等命令，如图 1-14 所示。

图 1-12　"视图"菜单　图 1-13　"窗口"菜单　图 1-14　"帮助"菜单

1.2　了解 Premiere Pro 2023 操作界面

除了菜单栏与标题栏外，"项目"面板、"效果"面板、"时间轴"面板以及工具箱等，都是 Premiere Pro 2023 操作界面中十分重要的组成部分。

1.2.1 "项目"面板：素材文件的输入储存路径

Premiere Pro 2023 的"项目"面板主要用于输入和储存需要提供给"时间轴"面板进行编辑合成的素材文件。"项目"面板由三个部分构成，最上面的一部分为查找区；位于查找区下方的是素材目录栏；最下方是工具栏，也就是菜单命令的快捷按钮，单击这些按钮可以方便地实现一些常用操作，如图 1-15 所示。默认情况下，"项目"面板不会显示素材预览区，只有单击面板左上角的■按钮，在弹出的下拉列表中选择"预览区域"选项，如图 1-16 所示，才可显示素材预览区。

图 1-15　"项目"面板

图 1-16　选择"预览区域"选项

在"项目"面板中各个选项区和图标的含义如下。

❶ 查找区：该选项区主要用于查找需要的素材。

❷ 素材目录栏：该选项区的主要作用是将导入的素材按目录的方式编排起来。

❸ 项目可写■：单击该按钮，可以将项目更改为只读模式，将项目锁定不可编辑，同时按钮颜色会由绿色变为红色。

❹ 列表视图■：单击该按钮，可以将导入的素材以列表的形式显示，如图 1-17 所示。

图 1-17　将素材以列表的形式显示

❺ 图标视图■：单击该按钮，可以将导入的素材以图标的形式显示。

❻ 自由变换视图■：单击该按钮，可以将导入的素材以自由的形式上下排列显示出来。

❼ 调整图标和缩览图的大小○：按住鼠标左键左右拖动此滑块，可以调整素材目录栏中的图标和缩览图显示的大小。

❽ 排序图标■：单击该按钮，在弹出的下拉列表中选择相应的选项，可以按一定顺序将导入的素材进行排序，如图 1-18 所示。

图 1-18　排序图标

❾ 自动匹配序列■：单击该按钮，可以将"项目"面板中所选的素材自动排列到"时间轴"面板的时间轴页面中。

1.2.2 "效果"面板：各种特效类型的容纳箱

在 Premiere Pro 2023 中，"效果"面板中包括"预设""Lumetri 预设""音频效果""音频过渡""视频效果""视频过渡"选项。

在"效果"面板中，各种选项以效果类型分组的方式存放视频、音频的效果和过渡转场。通过对素材应用视频效果，可以调整素材的色调、明度等，应用音频效果可以调整素材音频的音量和均衡等，如图 1-19 所示。在"效果"面板中，单击"视频过渡"效果前面的三角按钮，即可展开"视频过渡"效果列表，如图 1-20 所示。

图 1-19　"效果"面板

图 1-20　"视频过渡"效果列表

1.2.3　"效果控件"面板：控制视频与设置效果属性

"效果控件"面板主要用于控制对象的运动、不透明度、切换效果以及改变效果的参数属性等，如图 1-21 所示。

图 1-21　"效果控件"面板

图 1-21　"效果控件"面板（续）

▶ 专家指点

在"效果"面板中选择需要的视频效果，将其添加至视频素材上，然后选择视频素材，进入"效果控件"面板，就可以为添加的效果设置属性。

如果用户在工作界面中没有找到"效果控件"面板，那么选择"窗口"|"效果控件"命令，即可打开"效果控件"面板。

1.2.4　工具箱：添加与编辑项目素材文件

工具箱位于"时间轴"面板的左侧，主要包括选择工具、向前选择轨道工具、波纹编辑工具、剃刀工具、外滑工具、钢笔工具、矩形工具、手形工具、文字工具，如图 1-22 所示。

图 1-22　工具箱

在工具箱中各个工具的含义如下。

❶ 选择工具：该工具主要用于选择素材、移动素材以及调节素材关键帧。将该工具移至素材的边缘，光标将变成拉伸图标，可以拉伸素材，为素材设置入点和出点。

❷ 向前选择轨道工具：该工具主要用于选择轨道中在鼠标单击位置及其右侧的所有轨道上的素材，按住 Shift 键可以选择单独轨道进行操作。

❸ 波纹编辑工具：该工具主要用于拖动某素材的入点或出点，从而改变所选素材的长度，而轨道上其他素材的长度不受影响。

❹ 剃刀工具：该工具用于分割素材，将素材分割为两段，产生新的入点和出点。

❺ 外滑工具：选择此工具时，可以同时更改"时间轴"面板内某素材的入点和出点，并保留入点和出点之间的时间间隔不变。例如，如果将"时间轴"面板内的一个 10 秒的素材剪辑为 5 秒，可以使用外滑工具来确定素材的哪 5 秒显示在"时间轴"内。

❻ 钢笔工具：该工具主要用于调整素材的关键帧。

❼ 矩形工具：该工具可在视频上创建矩形形状，效果相当于矩形颜色遮罩。

❽ 手形工具：该工具主要用于改变"时间轴"面板的可视区域，在编辑一些时长较长的素材时，使用该工具操作非常方便。

❾ 文字工具：选择此工具可以为素材添加字幕文本。

▶ 专家指点

工具箱主要是使用选择工具对"时间轴"面板中的素材进行编辑、添加或删除。因此，默认状态下工具箱将自动激活选择工具。

1.2.5 "时间轴"面板：编辑素材的重要窗口

"时间轴"面板是 Premiere Pro 2023 中进行视频、音频编辑的重要窗口之一，在面板中可以轻松实现对素材的剪辑、插入、调整以及添加关键帧等操作，如图 1-23 所示。

图 1-23 "时间轴"面板

1.3 掌握项目文件的基础知识

本节主要介绍创建项目文件、打开项目文件、保存和关闭项目文件等内容，以供读者掌握项目文件的基本操作。

1.3.1 创建项目：运用"新建项目"命令

在启动 Premiere Pro 2023 后，用户首先需要做的就是创建一个新的工作项目。为此，Premiere Pro 2023 提供了多种创建项目的方法。例如，在欢迎界面中，就可以执行相应的操作进行项目创建。

当用户启动 Premiere Pro 2023 后，系统将自动弹出欢迎界面，界面中有新建项目和打开项目的按钮，此时用户可以单击"新建项目"按钮，进入"新建项目"界面，如图 1-24 所示。单击"创建"按钮，即可创建一个新的项目。

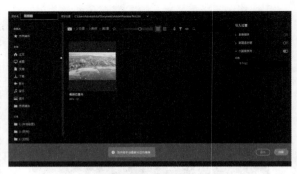

图 1-24 "新建项目"界面

用户除了通过欢迎界面新建项目外，也可以进入 Premiere 主界面中，通过"文件"菜单进行创建，具体操作方法如下。

	素材文件	无
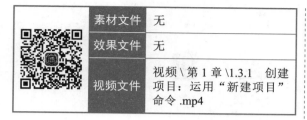	效果文件	无
	视频文件	视频 \ 第 1 章 \1.3.1　创建项目：运用"新建项目"命令 .mp4

【操练 + 视频】
——创建项目：运用"新建项目"命令

STEP 01 选择"文件"|"新建"|"项目"命令，如图 1-25 所示。

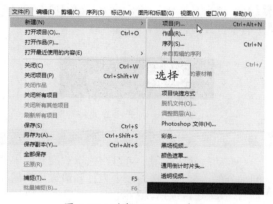

图 1-25　选择"项目"命令

STEP 02 跳转到"新建项目"界面，❶单击项目位置后的 ∨ 按钮展开位置选项；❷单击"选择位置"按钮，如图 1-26 所示。

图 1-26　单击"选择位置"按钮

STEP 03 弹出"项目位置"对话框，在其中选择合适的文件夹，如图 1-27 所示。

STEP 04 单击"选择文件夹"按钮，回到"新建项目"界面，设置"项目名"为"新建项目"，如图 1-28 所示。

图 1-27　选择合适的文件夹

图 1-28　设置项目名称

STEP 05 单击右下角的"创建"按钮，即可完成使用"文件"菜单来创建项目文件，如图 1-29 所示。

图 1-29　单击"创建"按钮

▶ 专家指点

　　除了上述两种创建新项目的方法，用户还可以使用 Ctrl + Alt + N 组合键，快速创建一个项目文件。

1.3.2　打开项目：运用"打开项目"命令

　　当用户启动 Premiere Pro 2023 后，可以通过打开一个项目的方式进入系统程序。在欢迎界面中除了可以创建项目文件，还可以打开项目文件。当用户启动 Premiere Pro 2023 后，系统将自动弹出欢迎界面。此时，用户可以单击"打开项目"按钮，如图 1-30 所示，会弹出"打开项目"对话框，选择需要打开的编辑项目，单击"打开项目"按钮即可。在 Premiere Pro 2023 中，用户可以根据需要打开已保存的项目文件。

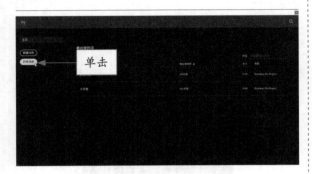

图 1-30　单击"打开项目"按钮

此处介绍使用"文件"菜单命令打开项目的操作方法。

素材文件	素材\第1章\1.3.2\新建项目.prproj	
效果文件	无	
视频文件	视频\第1章\1.3.2　打开项目：运用"打开项目"命令.mp4	

【操练＋视频】
——打开项目：运用"打开项目"命令

STEP 01 选择"文件"|"打开项目"命令，如图 1-31 所示。

图 1-31　选择"打开项目"命令

STEP 02 弹出"打开项目"对话框，选择项目文件，如图 1-32 所示。

图 1-32　选择项目文件

STEP 03 单击"打开"按钮，即可完成使用"文件"菜单命令打开项目文件，如图 1-33 所示。

图 1-33　打开项目文件

▶ **专家指点**

启动软件后，用户可以在位于欢迎界面中间部分的"名称"选项区中来打开最近编辑的项目，如图 1-34 所示；另外，用户还可以进入 Premiere Pro 2023 操作界面，通过选择菜单命令中的"文件"|"打开最近使用的内容"命令，如图 1-35 所示，在弹出的子菜单中选择需要打开的项目。

图 1-34　最近使用项目

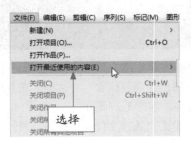

图 1-35　选择"打开最近使用的内容"命令

1.3.3　保存项目：运用"保存"命令

为了确保用户所编辑的项目文件不会丢失，当用户编辑完当前项目文件后，可以将项目文件进行保存，以便下次进行修改操作。

素材文件	素材 \ 第 1 章 \1.3.3\ 天空 .prproj
效果文件	效果 \ 第 1 章 \1.3.3\ 天空 .prproj
视频文件	视频 \ 第 1 章 \1.3.3　保存项目：运用"保存"命令 .mp4

【操练 + 视频】
——保存项目：运用"保存"命令

STEP 01　按 Ctrl + O 组合键，打开项目文件，如图 1-36 所示。

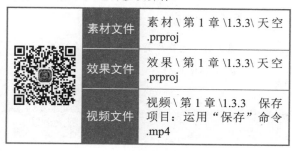

图 1-36　打开项目文件

STEP 02　在"时间轴"面板中调整素材的时间长度，设置持续时间为 00:00:03:00，如图 1-37 所示。

图 1-37　调整素材的时间长度

STEP 03　选择"文件"|"保存"命令，如图 1-38 所示。

图 1-38　选择"保存"命令

STEP 04　弹出"保存项目"对话框，显示保存进度，进度条加载完毕即可成功保存项目，如图 1-39 所示。

图 1-39　显示保存进度

▶ 专家指点

使用快捷键保存项目是一种快捷的操作方法，用户可以使用 Ctrl + S 组合键打开"保存项目"对话框。如果用户已经对文件进行过一次保存，则再次保存文件时将不会弹出"保存项目"对话框。

用户也可以使用 Ctrl + Alt + S 组合键，在弹出的"保存项目"对话框中将项目作为副本保存，如图 1-40 所示。

图 1-40　将项目保存为副本

当用户完成所有的编辑操作并将文件进行了保存后，可以将当前项目关闭。此处介绍关闭项目的三种方法。

● 选择"文件"|"关闭"命令，如图 1-41 所示。
● 选择"文件"|"关闭项目"命令，如图 1-42 所示。

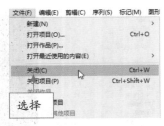

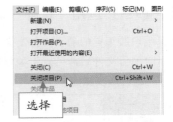

图 1-41 选择"关闭"命令   图 1-42 选择"关闭项目"命令

◉ 按 Ctrl ＋ W 组合键，或者按 Ctrl ＋ Alt ＋ W 组合键，执行关闭项目的操作。

1.4 掌握素材文件的基本操作

在 Premiere Pro 2023 中，掌握了项目文件的创建、打开、保存和关闭操作后，用户还可以在项目文件中进行素材文件的相关基本操作。

1.4.1 导入素材：运用"导入"命令

导入素材是 Premiere 编辑的首要前提，通常所指的素材包括视频文件、音频文件、图像文件等。下面介绍导入素材的操作方法。

素材文件	素材 \ 第 1 章 \1.4.1\ 泸沽湖海鸥 .mp4
效果文件	无
视频文件	视频 \ 第 1 章 \1.4.1　导入素材：运用"导入"命令 .mp4

【操练 + 视频】——导入素材：运用"导入"命令

STEP 01 按 Ctrl ＋ Alt ＋ N 组合键，跳转到"新建项目"界面，单击"创建"按钮，如图 1-43 所示，即可创建一个项目文件，按 Ctrl ＋ N 组合键新建序列。

STEP 02 选择"文件"|"导入"命令，如图 1-44 所示。

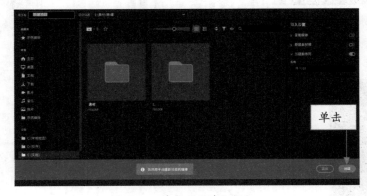

图 1-43 单击"创建"按钮   图 1-44 选择"导入"命令

STEP 03 弹出"导入"对话框，在该对话框中，❶选择相应的项目文件"泸沽湖海鸥 .mp4"；❷单击"打开"按钮，如图 1-45 所示。

STEP 04 执行上述操作后，即可在"项目"面板中查看导入的素材文件缩略图，如图 1-46 所示。

图 1-45　单击"打开"按钮

图 1-46　查看素材文件

STEP 05　将素材拖曳至"时间轴"面板中，并预览图像效果，如图 1-47 所示。

图 1-47　预览图像效果

▶ 专家指点

　　当用户使用的素材数量较多时，除了在"项目"面板中对素材进行管理，还可以将素材进行统一规划，并将其归纳于同一文件夹内。

　　打包项目素材的具体方法如下。

　　首先，选择"文件"|"项目管理"命令，如图 1-48 所示，在弹出的"项目管理器"对话框中，选择需要保留的序列；接下来在"生成项目"选项区内设置项目文件的归档方式；然后单击"确定"按钮，如图 1-49 所示。

图 1-48　选择"项目管理"命令

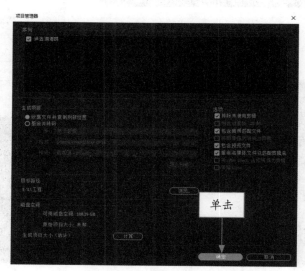

图 1-49　设置项目文件的归档方式

1.4.2 播放素材：运用"播放-停止切换"按钮

在 Premiere Pro 2023 中，导入素材文件后，用户可以根据需要播放导入的素材。下面介绍播放素材的操作方法。

素材文件	素材 \ 第 1 章 \1.4.2\音乐喷泉 .prproj
效果文件	无
视频文件	视频 \ 第 1 章 \1.4.2　播放素材：运用"播放 - 停止切换"按钮 .mp4

【操练 + 视频】
——播放素材：运用"播放 - 停止切换"按钮

STEP 01 按 Ctrl ＋ O 组合键，打开项目文件，如图 1-50 所示。

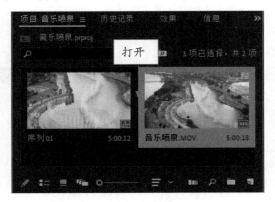

图 1-50　打开项目文件

STEP 02 在"节目监视器"面板中，单击"播放 - 停止切换"按钮▶，如图 1-51 所示。

图 1-51　单击"播放 - 停止切换"按钮

STEP 03 执行操作后，即可播放导入的素材，在"节目监视器"面板中可预览图像素材效果，如图 1-52 所示。

图 1-52　预览图像素材效果

1.4.3 编组素材：运用"编组"命令

当用户在 Premiere Pro 2023 中添加两个或两个以上的素材文件时，可能会同时对多个素材进行整体编辑操作。下面介绍将素材编组的操作方法。

素材文件	素材 \ 第 1 章 \1.4.3\尖山湖 .prproj
效果文件	效果 \ 第 1 章 \1.4.3\尖山湖 .prproj
视频文件	视频 \ 第 1 章 \1.4.3　编组素材：运用"编组"命令 .mp4

【操练 + 视频】
——编组素材：运用"编组"命令

STEP 01 按 Ctrl ＋ O 组合键，打开项目文件，选择两个素材，如图 1-53 所示。

图 1-53　选择两个素材

STEP 02 在"时间轴"面板的素材上，单击鼠标右键，在弹出的快捷菜单中选择"编组"命令，如图 1-54 所示。执行操作后，即可编组素材文件。

图 1-54　选择"编组"命令

1.4.4　嵌套素材：运用"嵌套"命令

Premiere Pro 2023 中的嵌套功能是将一个时间线嵌套至另一个时间线中，使其成为一整段素材来使用，并且可以在很大程度上提高工作效率，具体操作方法如下。

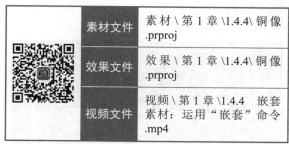

素材文件	素材 \ 第 1 章 \1.4.4\ 铜像 .prproj
效果文件	效果 \ 第 1 章 \1.4.4\ 铜像 .prproj
视频文件	视频 \ 第 1 章 \1.4.4　嵌套素材：运用"嵌套"命令 .mp4

【操练 + 视频】
——嵌套素材：运用"嵌套"命令

STEP 01 按 Ctrl + O 组合键，打开项目文件，选择两个素材，如图 1-55 所示。

STEP 02 在"时间轴"面板的素材上，单击鼠标右键，在弹出的快捷菜单中选择"嵌套"命令，如图 1-56 所示。

STEP 03 在弹出的"嵌套序列名称"对话框中单击"确定"按钮，即可嵌套素材文件。在"项目"面

板中将新增一个名为"嵌套序列 01"的文件，如图 1-57 所示。

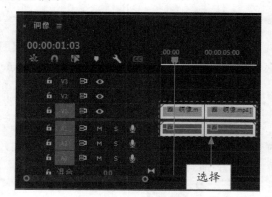

图 1-55　选择两个素材

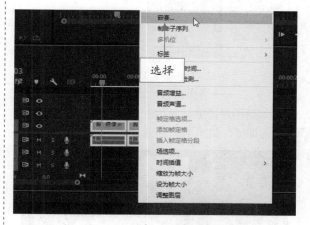

图 1-56　选择"嵌套"命令

图 1-57　增加"嵌套序列 01"文件

▶ 专家指点

　　当用户为一个嵌套的序列应用特效时，Premiere Pro 2023 会自动将特效应用于嵌套序列内的所有素材中，这样可以将复杂的操作简单化。

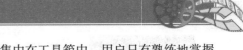

1.5 掌握各种工具的操作方法

在 Premiere Pro 2023 中为用户提供了各种实用的工具，并将其集中在工具箱中。用户只有熟练地掌握各种工具的操作方法，才能更加熟练地掌握 Premiere Pro 2023 的编辑技巧。

1.5.1 选择素材：运用选择工具

选择工具作为 Premiere Pro 2023 使用最为频繁的工具之一，其主要功能是选择一个或多个素材片段。下面介绍选择工具的具体用法。

	素材文件	无
	效果文件	无
	视频文件	视频\第 1 章\1.5.1　选择素材：运用选择工具 .mp4

【操练＋视频】
——选择素材：运用选择工具

如果用户需要选择单个素材片段，则在该片段上单击即可，如图 1-58 所示。

图 1-58　选择单个素材片段

如果用户需要选择多个素材片段，可以按住鼠标左键拖动，框选需要选择的多个素材片段，如图 1-59 所示。

图 1-59　选择多个素材片段

1.5.2 剪切素材：运用剃刀工具

剃刀工具可将一段选中的素材文件进行剪切，将其分成两段或几段独立的素材片段。下面介绍剃刀工具的具体用法。

	素材文件	素材\第 1 章\1.5.2\湖面碧波 .prproj
	效果文件	效果\第 1 章\1.5.2\湖面碧波 .prproj
	视频文件	视频\第 1 章\1.5.2　剪切素材：运用剃刀工具 .mp4

【操练＋视频】
——剪切素材：运用剃刀工具

STEP 01　按 Ctrl ＋ O 组合键，打开项目文件，选择素材，如图 1-60 所示。

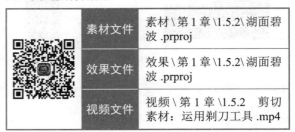

图 1-60　选择素材

STEP 02　选取"剃刀工具"，在"时间轴"面板的素材上依次单击，即可剪切素材，如图 1-61 所示。

图 1-61　剪切素材效果

1.5.3　移动素材：运用外滑工具

外滑工具用于移动"时间轴"面板中素材的位置，该工具会影响相邻素材片段的出入点和长度。使用外滑工具时，可以同时更改"时间轴"面板内某素材片段的入点和出点，并保留入点和出点之间的时间间隔不变。下面介绍外滑工具的用法。

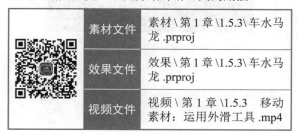

素材文件	素材\第 1 章\1.5.3\车水马龙.prproj
效果文件	效果\第 1 章\1.5.3\车水马龙.prproj
视频文件	视频\第 1 章\1.5.3　移动素材：运用外滑工具.mp4

【操练 + 视频】
——移动素材：运用外滑工具

STEP 01 按 Ctrl + O 组合键，打开项目文件，如图 1-62 所示。

图 1-62　打开项目文件

STEP 02 选取工具箱中的"外滑工具"，如图 1-63 所示。

图 1-63　选取外滑工具

STEP 03 在 V1 轨道的"车水马龙"素材对象上按住鼠标左键并拖曳，在"节目监视器"面板中即可显示更改素材入点和出点的效果，如图 1-64 所示。

图 1-64　显示更改素材入点和出点的效果

1.5.4　改变素材长度：运用波纹编辑工具

使用波纹编辑工具拖曳素材的出点可以改变所选素材的长度，而轨道上其他素材的长度不受影响。下面介绍波纹编辑工具的用法。

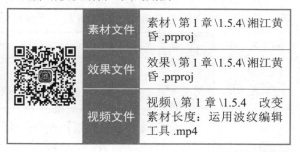

素材文件	素材\第 1 章\1.5.4\湘江黄昏.prproj
效果文件	效果\第 1 章\1.5.4\湘江黄昏.prproj
视频文件	视频\第 1 章\1.5.4　改变素材长度：运用波纹编辑工具.mp4

【操练 + 视频】
——改变素材长度：运用波纹编辑工具

STEP 01 按 Ctrl + O 组合键，打开项目文件，选取工具箱中的"波纹编辑工具"，如图 1-65 所示。

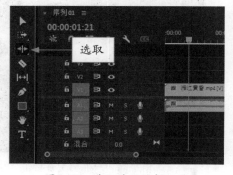

图 1-65　选取波纹编辑工具

STEP 02 选择素材出点向右拖曳至合适位置，即可改变素材长度，如图 1-66 所示。

图 1-66　改变素材长度

1.6　了解 Premiere Pro 2023 新增内容

在 Premiere Pro 2023 中为用户提供了一些新增的功能，并优化了部分已有功能。本章将介绍几项在 Premiere Pro 2023 中重要的新增与优化功能，以便用户更快地了解软件的新版本。

1.6.1　标尺及参考线：精准把控视频画面

标尺及参考线工具作为 Premiere Pro 2023 中把控画面位置的主要工具之一，可以让用户在添加和处理不同素材时更精准且快捷地调整画面位置。下面介绍添加标尺及参考线的操作方法。

素材文件	素材 \ 第 1 章 \1.6.1\ 荷花 .prproj
效果文件	无
视频文件	视频 \ 第 1 章 \1.6.1　标尺及参考线：精准把控视频画面 .mp4

【操练＋视频】——标尺及参考线：精准把控视频画面

STEP 01 按 Ctrl ＋ O 组合键，打开项目文件，打开"节目监视器"面板，如图 1-67 所示。

STEP 02 选择"视图"|"显示标尺"命令，如图 1-68 所示。

图 1-67　打开"节目监视器"面板

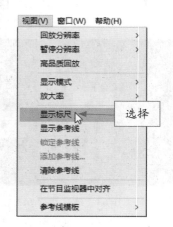

图 1-68　选择"显示标尺"命令

STEP 03 在"节目监视器"面板中，即可显示标尺，如图 1-69 所示。

图 1-69 显示标尺

STEP 04 选择"视图"|"显示参考线"命令，如图 1-70 所示。

STEP 05 选择"视图"|"添加参考线"命令，如图 1-71 所示。

图 1-70 选择"显示
参考线"命令

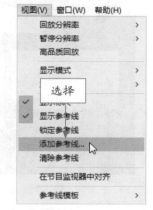

图 1-71 选择"添加
参考线"命令

STEP 06 在弹出的"添加参考线"对话框中，❶调整参考线各项属性；❷单击"确定"按钮，如图 1-72 所示，即可添加一条参考线。

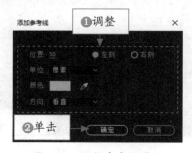

图 1-72 调整参考线属性

STEP 07 在"节目监视器"面板中，拖曳参考线如

图 1-73 所示，即可调整参考线位置。

图 1-73 调整参考线位置

1.6.2 字幕对齐：使用字幕对齐工具调整字幕

Premiere Pro 2023 中全面更新了字幕编辑功能，删除了原先复杂的"旧版标题"字幕编辑方式，将字幕的编辑操作转移到了"文本"面板和"基本图形"面板中。其中，字幕对齐工具是新版字幕编辑方式中新增的十分高效的编辑功能，可以快速调整字幕位置。下面介绍字幕对齐工具的用法。

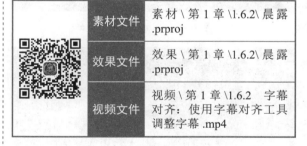

素材文件	素材 \ 第 1 章 \1.6.2\ 晨露 .prproj
效果文件	效果 \ 第 1 章 \1.6.2\ 晨露 .prproj
视频文件	视频 \ 第 1 章 \1.6.2 字幕对齐：使用字幕对齐工具调整字幕 .mp4

【操练 + 视频】
——字幕对齐：使用字幕对齐工具调整字幕

STEP 01 打开一个项目文件，在"节目监视器"面板中，选择需要调整的字幕，如图 1-74 所示。

STEP 02 在"基本图形"面板的"对齐并变换"选项区中，❶单击"左对齐"按钮▣；❷单击"垂直居中对齐"按钮▣，如图 1-75 所示。

STEP 03 完成上述操作后，即可将字幕调整至画面左侧，在"节目监视器"面板中可以预览画面效果，如图 1-76 所示。

图 1-74 选择相应字幕

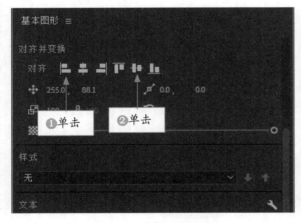

图 1-75 选择对齐方式

图 1-76 预览画面效果

1.6.3 语音输入：使用"语音转文本"功能添加字幕

语音转文本功能在各大软件中都是十分实用且方便的文本输入功能，在 Premiere Pro 2023 中同样

更新了此项功能，以方便用户添加大量字幕文本。下面介绍"语音转文本"功能的用法。

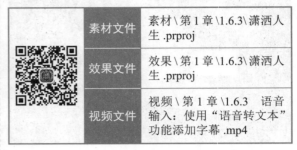	素材文件	素材 \ 第 1 章 \1.6.3\ 潇洒人生 .prproj
	效果文件	效果 \ 第 1 章 \1.6.3\ 潇洒人生 .prproj
	视频文件	视频 \ 第 1 章 \1.6.3 语音输入：使用"语音转文本"功能添加字幕 .mp4

【操练 + 视频】
——语音输入：使用"语音转文本"功能添加字幕

STEP 01 按 Ctrl ＋ O 组合键，打开项目文件，如图 1-77 所示。

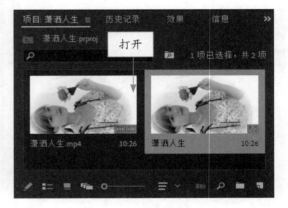

图 1-77 打开项目文件

STEP 02 在"时间轴"面板中选择 A1 轨道上的素材，如图 1-78 所示。

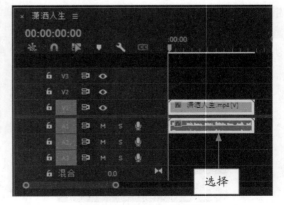

图 1-78 选择相应素材

STEP 03 在"文本"面板的"字幕"选项卡中，单击"转录序列"按钮，如图 1-79 所示。

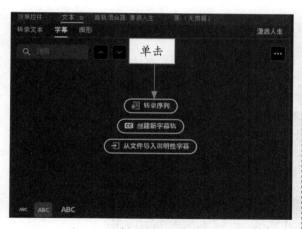

图 1-79　单击"转录序列"按钮

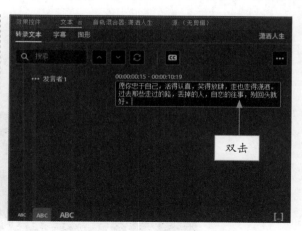

图 1-81　双击文本内容编辑文本

STEP 04 弹出"创建转录文本"对话框，❶设置"语言"为"简体中文"；❷单击"转录"按钮，如图 1-80 所示，即可转录语音为文本。

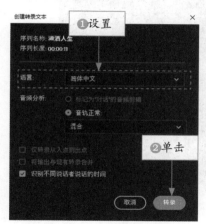

图 1-80　转录语音为文本

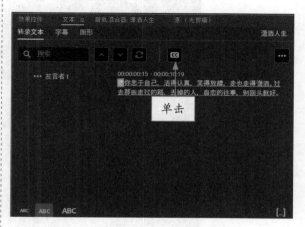

图 1-82　单击"创建说明性字幕"按钮

STEP 05 切换至"转录文本"选项卡，双击转录出的文本内容，如图 1-81 所示，即可编辑文本。

STEP 06 完成编辑后，单击"创建说明性字幕"按钮CC，如图 1-82 所示。在弹出的"创建字幕"对话框中单击"创建"按钮，即可创建字幕轨道及字幕素材。

STEP 07 执行上述操作后，即可完成为视频添加底端字幕，在"节目监视器"面板中可以预览画面效果，如图 1-83 所示。

图 1-83　预览字幕效果

1.6.4　预览优化：选择预览视频的渲染模式

Premiere Pro 2023 针对以往版本中预览模式下的渲染较慢问题进行了优化，从原本的"仅 I 帧的

MPEG"渲染格式更新成为更快、更流畅的渲染格式，用户在编辑过程中也能快速对视频进行渲染，让视频在预览时播放更加流畅。

在新建序列时，我们可以看到在"视频预览"选项区的默认"预览文件格式"为 QuickTime，"编解码器"为 Apple ProRes 422 LT，如图 1-84 所示。

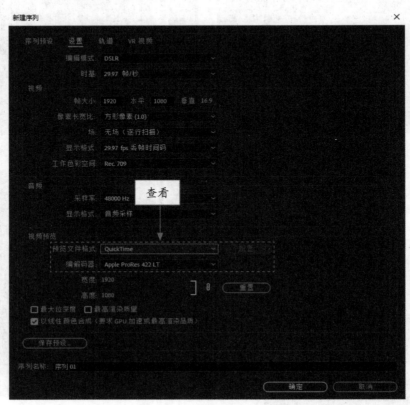

图 1-84　查看"视频预览"选项区

第2章
基础知识：掌握软件的基本操作

章 前 知 识 导 读

  Premiere Pro 2023 是一款适应性很强的视频编辑软件，可以对视频、图像以及音频等多种素材进行处理和加工，最终得到令人满意的影视文件。本章将对添加与调整视频素材的操作方法进行讲解，包括添加视频素材、复制影视视频以及剪辑影视素材等内容，逐渐提升用户对 Premiere Pro 2023 的熟练度。

新 手 重 点 索 引

- 添加并导入影视素材
- 调整影视素材的最佳效果
- 编辑影视素材的技巧

效 果 图 片 欣 赏

2.1 添加并导入影视素材

制作视频的首要操作就是添加素材，本节主要介绍在 Premiere Pro 2023 中添加影视素材的方法，包括添加视频素材、音频素材、静态图像及图层图像等。

2.1.1 添加视频素材：运用"导入"命令

添加一段视频素材是指将一个源素材导入到素材库中，并将素材库的源素材添加到"时间轴"面板中的视频轨道上的过程。下面介绍运用"导入"命令添加视频素材的方法。

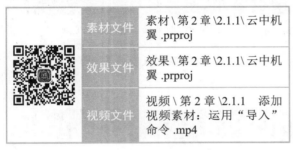

素材文件	素材\第 2 章\2.1.1\云中机翼 .prproj
效果文件	效果\第 2 章\2.1.1\云中机翼 .prproj
视频文件	视频\第 2 章\2.1.1 添加视频素材：运用"导入"命令 .mp4

【操练＋视频】
——添加视频素材：运用"导入"命令

STEP 01 在 Premiere Pro 2023 界面中，打开项目文件，选择"文件"|"导入"命令，如图 2-1 所示。

图 2-1 选择"导入"命令

STEP 02 弹出"导入"对话框，选择"云中机翼"视频素材，如图 2-2 所示。

STEP 03 单击"打开"按钮，将视频素材导入至"项目"面板中，如图 2-3 所示。

图 2-2 选择需要添加的视频素材

图 2-3 导入视频素材

STEP 04 在"项目"面板中，选择该视频素材文件，将其拖曳至"时间轴"面板的 V1 轨道中，如图 2-4 所示。执行上述操作后，即可添加视频素材。

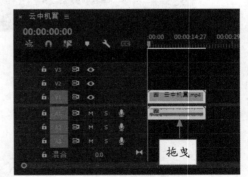

图 2-4 拖曳至"时间轴"面板

2.1.2　添加音频素材：根据影片需求完成添加

为了使影片更加完善，用户可以根据需要为影片添加音频素材。下面将介绍添加音频素材的操作方法。

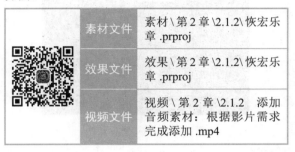

素材文件	素材\第 2 章\2.1.2\恢宏乐章 .prproj
效果文件	效果\第 2 章\2.1.2\恢宏乐章 .prproj
视频文件	视频\第 2 章\2.1.2　添加音频素材：根据影片需求完成添加 .mp4

【操练 + 视频】
——添加音频素材：根据影片需求完成添加

STEP 01 按 Ctrl ＋ O 组合键，打开项目文件，选择"文件"|"导入"命令，弹出"导入"对话框，选择需要添加的音频素材，如图 2-5 所示。

图 2-5　选择需要添加的音频素材

STEP 02 单击"打开"按钮，将音频素材导入至"项目"面板中，选择该音频素材文件，将其拖曳至"时间轴"面板的 A1 轨道中，即可添加音频素材，如图 2-6 所示。

图 2-6　添加音频素材

2.1.3　添加静态图像：让影片内容更加丰富多彩

为了使影片内容更加丰富多彩，在进行影片编辑的过程中，用户可以根据需要添加各种静态的图像。下面介绍具体的操作方法。

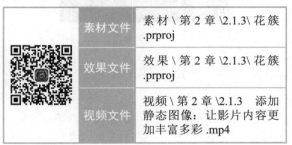

素材文件	素材\第 2 章\2.1.3\花簇 .prproj
效果文件	效果\第 2 章\2.1.3\花簇 .prproj
视频文件	视频\第 2 章\2.1.3　添加静态图像：让影片内容更加丰富多彩 .mp4

【操练 + 视频】
——添加静态图像：让影片内容更加丰富多彩

STEP 01 按 Ctrl ＋ O 组合键，打开项目文件，选择"文件"|"导入"命令，弹出"导入"对话框，选择需要添加的图像，如图 2-7 所示，单击"打开"按钮，导入一幅静态图像。

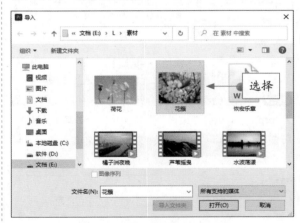

图 2-7　选择需要添加的图像

STEP 02 在"项目"面板中，选择该图像素材文件，将其拖曳至"时间轴"面板的 V1 轨道中，即可添加静态图像，如图 2-8 所示。

▶ **专家指点**

在 Premiere Pro 2023 中，导入素材除了运用上述方法，还可以双击"项目"面板的空白位置，快速弹出"导入"对话框。

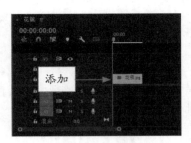

图 2-8　添加静态图像

2.1.4　添加图层图像：运用"导入"命令

在 Premiere Pro 2023 中，不仅可以导入视频、音频以及静态图像素材，还可以导入图层图像素材。下面介绍添加图层图像的操作方法。

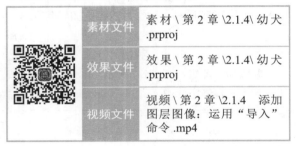

素材文件	素材 \ 第 2 章 \2.1.4\ 幼犬 .prproj
效果文件	效果 \ 第 2 章 \2.1.4\ 幼犬 .prproj
视频文件	视频 \ 第 2 章 \2.1.4　添加图层图像：运用"导入"命令 .mp4

【操练＋视频】
——添加图层图像：运用"导入"命令

STEP 01 按 Ctrl ＋ O 组合键，打开项目文件"幼犬 .prproj"，选择"文件"|"导入"命令，弹出"导入"对话框，选择需要的图像，如图 2-9 所示，单击"打开"按钮。

图 2-9　选择需要的素材图像

STEP 02 弹出"导入分层文件：幼犬"对话框，单击"确定"按钮，如图 2-10 所示，将所选择的 PSD 图像导入至"项目"面板中。

图 2-10　导入分层文件

STEP 03 选择导入的 PSD 图像，并将其拖曳至"时间轴"面板的 V1 轨道中，即可添加图层图像，如图 2-11 所示。

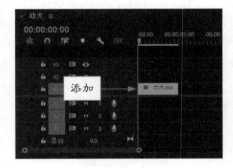

图 2-11　添加图层图像

STEP 04 执行操作后，在"节目监视器"面板中可以预览添加的图层图像效果，如图 2-12 所示。

图 2-12　预览添加的图层图像效果

2.2 编辑影视素材的技巧

对影片素材进行编辑是整个影片编辑过程中的一个重要环节，同样也是 Premiere Pro 2023 的功能体现。本节将详细介绍编辑影视素材的操作方法。

2.2.1 复制素材：节约用户时间 提高工作效率

复制也称拷贝，是指将文件从一处拷贝一份完全一样的到另一处，而原来的一份依然保留。复制影视视频的具体方法是：在"时间轴"面板中，选择需要复制的视频文件，选择"编辑"|"复制"命令，即可复制影视视频。

复制粘贴素材可以为用户节约许多不必要的重复操作，让用户的工作效率得到提高。下面介绍复制粘贴视频素材的操作方法。

	素材文件	素材 \ 第 2 章 \2.2.1\ 水波荡漾 .prproj
	效果文件	效果 \ 第 2 章 \2.2.1\ 水波荡漾 .prproj
	视频文件	视频 \ 第 2 章 \2.2.1 复制素材：节约用户时间提高工作效率 .mp4

【操练 + 视频】
——复制素材：节约用户时间提高工作效率

STEP 01 按 Ctrl + O 组合键，打开项目文件"水波荡漾 .prproj"，在视频轨道上，选择素材文件，如图 2-13 所示。

图 2-13 选择素材文件

STEP 02 将时间指示器移至 00:00:02:20 的位置，选择"编辑"|"复制"命令，如图 2-14 所示。

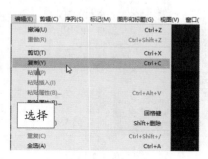

图 2-14 选择"复制"命令

STEP 03 执行操作后，即已复制文件，按 Ctrl + V 组合键，即可将复制的素材粘贴至 V1 轨道中时间指示器的位置，如图 2-15 所示。

图 2-15 粘贴素材文件

STEP 04 将时间指示器移至视频的开始位置，单击"播放 - 停止切换"按钮 ▶，即可预览素材效果，如图 2-16 所示。

图 2-16 预览素材效果

2.2.2 分离视频：使影视获得更好的音乐效果

为了使影视获得更好的音乐效果，许多影视都会在后期重新配音，这时需要用到分离影视素材的操作。下面介绍具体的操作方法。

素材文件	素材\第 2 章\2.2.2\云浪层叠 .prproj
效果文件	效果\第 2 章\2.2.2\云浪层叠 .prproj
视频文件	视频\第 2 章\2.2.2　分离视频：使影视获得更好的音乐效果 .mp4

【操练＋视频】
——分离视频：使影视获得更好的音乐效果

STEP 01 按 Ctrl ＋ O 组合键，打开项目文件"云浪层叠 .prproj"，如图 2-17 所示。

图 2-17　打开项目文件

STEP 02 选择 V1 轨道上的视频素材，选择"剪辑"|"取消链接"命令，如图 2-18 所示。

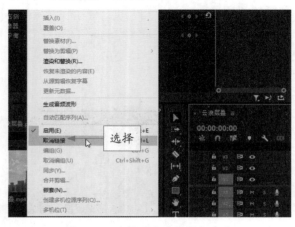

图 2-18　选择"取消链接"命令

STEP 03 执行上述操作后，即可将视频与音频分离，如图 2-19 所示。选择 V1 轨道上的视频素材，按住鼠标左键拖动，即可单独移动视频素材。

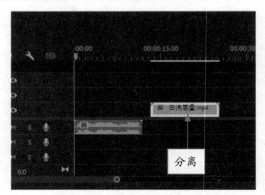

图 2-19　移动视频素材

▶ **专家指点**

在"时间轴"面板中，将视频和音频分离后，用户可以根据需要将分离的音频删除，或者将视频删除，仅保留其一备用。

STEP 04 在"节目监视器"面板上，单击"播放 - 停止切换"按钮 ▶，预览视频效果，如图 2-20 所示。

图 2-20　预览视频效果

2.2.3　组合视频：运用"链接"命令

在对视频文件和音频文件重新进行编辑后，可以将其进行组合操作。下面介绍运用"链接"命令组合影视视频文件的操作方法。

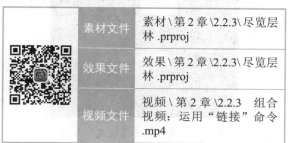

素材文件	素材\第 2 章\2.2.3\尽览层林 .prproj
效果文件	效果\第 2 章\2.2.3\尽览层林 .prproj
视频文件	视频\第 2 章\2.2.3　组合视频：运用"链接"命令 .mp4

【操练 + 视频】
——组合视频：运用"链接"命令

STEP 01 按 Ctrl + O 组合键，打开项目文件"尽览层林 .prproj"，导入需要的视频文件和音频文件，如图 2-21 所示。

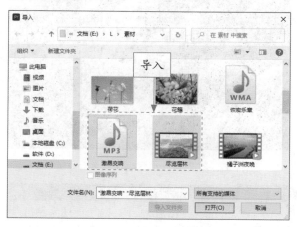

图 2-21　导入相应文件

STEP 02 把需要的素材拖入"时间轴"面板中，选择所有的素材，如图 2-22 所示。

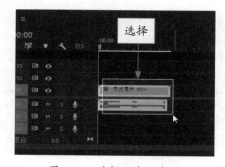

图 2-22　选择所有的素材

STEP 03 选择"剪辑"|"链接"命令，如图 2-23 所示。

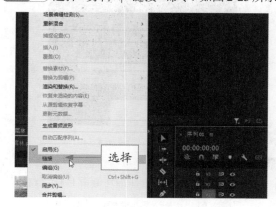

图 2-23　选择"链接"命令

STEP 04 执行操作后，即可组合影视视频，如图 2-24 所示。

图 2-24　组合影视视频

2.2.4　删除视频：运用"清除"命令

在进行影视素材编辑的过程中，用户可能需要删除一些不需要的视频素材。下面介绍运用"清除"命令删除影视视频的操作方法。

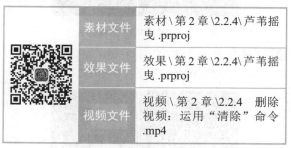

素材文件	素材\第 2 章\2.2.4\芦苇摇曳 .prproj
效果文件	效果\第 2 章\2.2.4\芦苇摇曳 .prproj
视频文件	视频\第 2 章\2.2.4　删除视频：运用"清除"命令 .mp4

【操练 + 视频】
——删除视频：运用"清除"命令

STEP 01 按 Ctrl + O 组合键，打开项目文件"芦苇摇曳 .prproj"，在"时间轴"面板中选择中间的"芦苇摇曳"素材，如图 2-25 所示。

图 2-25　选择相应素材

STEP 02 执行操作后，在菜单栏中选择"编辑"|"清除"命令，如图 2-26 所示，即可删除目标素材。

图 2-26　选择"清除"命令

STEP 03 在 V1 轨道上，选择删除素材后的空白部分，如图 2-27 所示。

图 2-27　选择轨道空白部分

STEP 04 在轨道上单击鼠标右键，在弹出的快捷菜单中选择"波纹删除"命令，如图 2-28 所示。

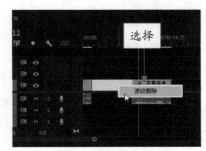

图 2-28　选择"波纹删除"命令

STEP 05 执行上述操作后，即可在 V1 轨道上删除"芦苇摇曳"素材，此时第 3 段素材将会移动到第 2 段素材的位置，如图 2-29 所示。

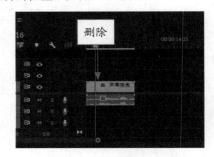

图 2-29　删除"芦苇摇曳"素材

STEP 06 在"节目监视器"面板上，单击"播放 - 停止切换"按钮 ▶，预览视频效果，如图 2-30 所示。

图 2-30　预览视频效果

▶ **专家指点**

在 Premiere Pro 2023 中，除了上述方法可以删除素材对象外，用户还可以在选择素材对象后，使用以下快捷键。

● 按 Delete 键，快速删除选择的素材对象。

● 按 Backspace 键，快速删除选择的素材对象。

● 按 Shift ＋ Delete 组合键，快速对素材进行波纹删除操作。

● 按 Shift ＋ Backspace 组合键，快速对素材进行删除操作。

2.2.5　设置入点：运用"标记入点"命令

在 Premiere Pro 2023 中，设置素材的入点可以标识素材可用部分的起始点时间。下面介绍运用"标记入点"命令设置素材入点的操作方法。

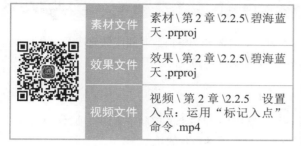

素材文件	素材\第 2 章\2.2.5\碧海蓝天 .prproj
效果文件	效果\第 2 章\2.2.5\碧海蓝天 .prproj
视频文件	视频\第 2 章\2.2.5　设置入点：运用"标记入点"命令 .mp4

【操练 + 视频】
——设置入点：运用"标记入点"命令

STEP 01 按 Ctrl＋O 组合键，打开项目文件"碧海蓝天 .prproj"，在"节目监视器"面板中拖曳当前时间指示器至合适的位置，如图 2-31 所示。

图 2-31　拖曳当前时间指示器至合适位置

STEP 02 单击画面下方的"标记入点"按钮 ，如图 2-32 所示，执行操作后，即可设置素材的入点。

图 2-32　单击"标记入点"按钮

2.2.6　设置出点：运用"标记出点"命令

在 Premiere Pro 2023 中，设置素材的出点可以标识素材可用部分的结束点时间。下面介绍运用"标记出点"命令设置素材出点的操作方法。

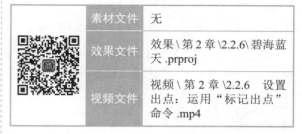

素材文件	无
效果文件	效果\第 2 章\2.2.6\碧海蓝天 .prproj
视频文件	视频\第 2 章\2.2.6　设置出点：运用"标记出点"命令 .mp4

【操练 + 视频】
——设置出点：运用"标记出点"命令

STEP 01 以 2.2.5 小节中的素材为例，在"节目监视器"面板中拖曳当前时间指示器至合适位置，如图 2-33 所示。

图 2-33　拖曳当前时间指示器至合适位置

STEP 02 单击画面下方的"标记出点"按钮 ，如图 2-34 所示，执行操作后，即可设置素材的出点。

图 2-34　单击"标记出点"按钮

2.3 调整影视素材的最佳效果

在编辑影片时，有时需要调整项目时间来放大显示素材，有时需要调整播放时间或播放速度，有时需要替换影片部分内容，这些操作都可以在 Premiere Pro 2023 中实现。

2.3.1 显示方式：通过控制条调整项目时间长短

在编辑影片时，由于素材的时间长短不一，常常需要通过时间标尺栏上的控制条来调整项目时间的长短。下面介绍怎样通过控制条来调整项目时间长短，将影片时间调整到适合的长度。

素材文件	素材 \ 第 2 章 \2.3.1\ 旭日东升 .mp4
效果文件	效果 \ 第 2 章 \2.3.1\ 旭日东升 .prproj
视频文件	视频 \ 第 2 章 \2.3.1　显示方式：通过控制条调整项目时间长短 .mp4

【操练＋视频】——显示方式：通过控制条调整项目时间长短

STEP 01 在 Premiere Pro 2023 欢迎界面中，单击"新建项目"按钮，进入"新建项目"界面，❶设置"项目名"为"旭日东升"；❷单击"创建"按钮，如图 2-35 所示，即可新建一个项目文件。

STEP 02 按 Ctrl ＋ N 组合键，弹出"新建序列"对话框，单击"确定"按钮，如图 2-36 所示，即可新建一个名称为"序列 01"的序列。

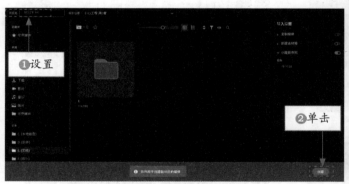

图 2-35　新建项目文件　　　　　图 2-36　新建序列

STEP 03 选择"文件"|"导入"命令，弹出"导入"对话框，选择素材文件，如图 2-37 所示。

STEP 04 单击"打开"按钮，导入素材文件，用户可以在"源监视器"面板中预览素材画面，如图 2-38 所示。

STEP 05 选择"项目"面板中的素材文件，将其拖曳至"时间轴"面板的 V1 轨道中，如图 2-39 所示。

STEP 06 选择素材文件，将鼠标指针移至时间标尺栏下方的控制条上，按住鼠标左键向左拖动，即可缩短项目的时间，如图 2-40 所示。

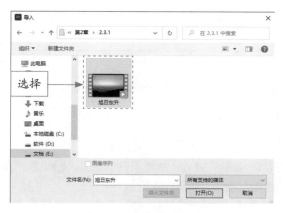

图 2-37　选择素材文件

图 2-38　预览素材

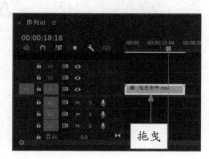

图 2-39　将素材拖到"时间轴"面板

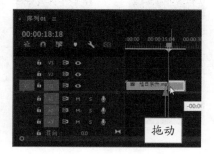

图 2-40　缩短项目的时长

STEP 07　执行上述操作后，即可将控制条调整至与素材相同的长度，如图 2-41 所示。

图 2-41　调整项目的尺寸

▶ 专家指点

　　在"时间轴"面板的左上角"序列 01"名称上单击鼠标右键，在弹出的快捷菜单中选择"工作区域栏"命令，在标尺栏下方即可出现一个控制条。

2.3.2　调整时间：调整播放时间改变影视素材

　　在编辑影片的过程中，很多时候需要对素材本身的播放时间进行调整。

　　调整播放时间的具体方法是：选取"选择工具" ▶，选择视频轨道上的素材，以 2.3.1 小节中的素材为例，按住鼠标左键拖动，即可调整素材的播放时间，如图 2-42 所示。

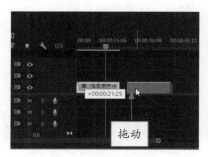

图 2-42　调整素材的播放时间

2.3.3　调整速度：通过"速度 / 持续时间"调整速度

　　每一种素材都具有特定的播放速度，对于视频素材可以通过调整视频素材的播放速度来制作快镜头或慢镜头效果。下面介绍运用"速度／持续时间"命令调整视频播放速度的操作方法。

	素材文件	素材 \ 第 2 章 \2.3.3\ 云山雾绕 .mp4
	效果文件	效果 \ 第 2 章 \2.3.3\ 云山雾绕 .prproj
	视频文件	视频 \ 第 2 章 \2.3.3　调整速度：通过"速度／持续时间"调整速度 .mp4

【操练＋视频】——调整速度：通过"速度／持续时间"调整速度

STEP 01 在 Premiere Pro 2023 欢迎界面中，单击"新建项目"按钮，进入"新建项目"界面，❶设置"项目名"为"云山雾绕"；❷单击"创建"按钮，即可新建项目文件，如图 2-43 所示。

STEP 02 按 Ctrl ＋ N 组合键，弹出"新建序列"对话框，单击"确定"按钮，即可新建一个名称为"序列 01"的序列，如图 2-44 所示。

图 2-43　新建项目文件

图 2-44　新建序列

STEP 03 按 Ctrl ＋ I 组合键，弹出"导入"对话框，选择文件"云山雾绕"，如图 2-45 所示。

STEP 04 单击"打开"按钮，导入素材文件，如图 2-46 所示。

图 2-45　选择素材文件

图 2-46　导入素材

STEP 05 选择"项目"面板中的素材文件，将其拖曳至"时间轴"面板的 V1 轨道中，如图 2-47 所示。

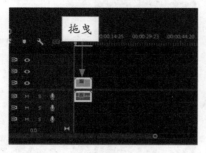

图 2-47　将素材拖曳到"时间轴"面板

STEP 06 选择 V1 轨道上的素材，单击鼠标右键，在弹出的快捷菜单中选择"速度/持续时间"命令，如图 2-48 所示。

图 2-48　选择"速度/持续时间"命令

STEP 07 弹出"剪辑速度/持续时间"对话框，设置"速度"为 20%，如图 2-49 所示。

图 2-49　设置参数值

▶ 专家指点

　　在"剪辑速度/持续时间"对话框中，可以设置"速度"值来控制剪辑的播放时间。当"速度"值设置在 100% 以上时，值越大则速度越快，播放时间就越短；当"速度"值设置在 100% 以下时，值越小则速度越慢，播放时间就越长。

STEP 08 设置完成后，单击"确定"按钮，即可在"节目监视器"面板中查看调整播放速度后的效果，如图 2-50 所示。

图 2-50　查看调整播放速度后的效果

2.3.4　调整位置：根据素材需求调整轨道位置

　　如果对添加到视频轨道上的素材位置不满意，可以根据需要对其进行调整，并且可以将素材调整到不同的轨道。下面具体介绍根据素材需要调整轨道位置的操作方法。

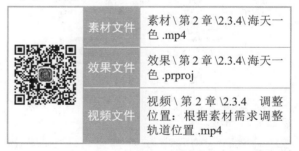

素材文件	素材\第2章\2.3.4\海天一色.mp4
效果文件	效果\第2章\2.3.4\海天一色.prproj
视频文件	视频\第2章\2.3.4　调整位置：根据素材需求调整轨道位置.mp4

【操练 + 视频】
——调整位置：根据素材需求调整轨道位置

STEP 01 在 Premiere Pro 2023 欢迎界面中，单击"新建项目"按钮，进入"新建项目"界面，❶设置"项目名"为"海天一色"；❷单击"创建"按钮，即可新建一个项目文件，如图 2-51 所示。

STEP 02 按 Ctrl + N 组合键，弹出"新建序列"对话框，单击"确定"按钮，如图 2-52 所示，即可新建一个名称为"序列 01"的序列。

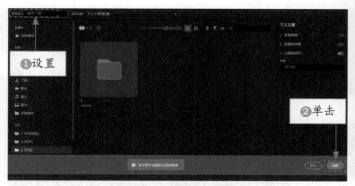

图 2-51　新建项目文件

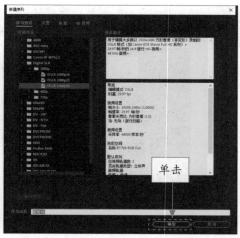

图 2-52　新建序列

STEP 03 按 Ctrl ＋ I 组合键，弹出"导入"对话框，选择素材文件"海天一色 .mp4"，如图 2-53 所示。

图 2-53　选择素材文件

STEP 04 单击"打开"按钮，导入并预览素材文件，如图 2-54 所示。

图 2-54　导入并预览素材

STEP 05 选取工具箱中的"选择工具" ，选择导入的素材文件，按住鼠标左键将其拖曳至"时间轴"面板中，如图 2-55 所示。

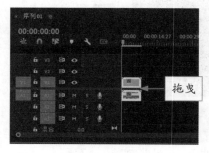

图 2-55　拖曳至"时间轴"面板中

STEP 06 执行上述操作后，选择 V1 轨道中的素材文件，将其拖曳至 V2 轨道中，如图 2-56 所示，在"节目监视器"面板中即可播放素材文件。

图 2-56　拖曳至 V2 轨道

2.3.5　四点剪辑：通过四点替换影片部分内容

剪辑就是通过为素材设置出点和入点，从而截取其中较好的片段，然后将截取的影视片段与新的素材片段组合。四点剪辑便是专业视频影视编辑工作中常常运用到的编辑方法。

　　"四点剪辑技术"是用素材中的部分内容替换影片剪辑中的部分内容。在进行剪辑操作时，需要四个重要的点，下面将分别进行介绍。

● 素材的入点：是指素材在影片剪辑内部首先出现的帧。

● 剪辑的入点：是指剪辑内被替换部分在当前序列上的第一帧。

● 素材的出点：是指素材在影片剪辑内部最后出现的帧。

● 剪辑的出点：是指剪辑内被替换部分在当前序列上的最后一帧。

　　下面介绍运用四点剪辑技术剪辑素材的操作方法。

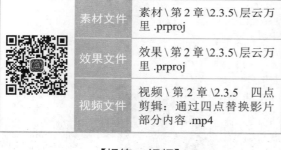

素材文件	素材 \ 第 2 章 \2.3.5\ 层云万里 .prproj
效果文件	效果 \ 第 2 章 \2.3.5\ 层云万里 .prproj
视频文件	视频 \ 第 2 章 \2.3.5　四点剪辑：通过四点替换影片部分内容 .mp4

【操练 + 视频】
——四点剪辑：通过四点替换影片部分内容

STEP 01 在 Premiere Pro 2023 工作界面中，按 Ctrl ＋ O 组合键，打开项目文件"层云万里 .prproj"，效果如图 2-57 所示。

图 2-57　打开的项目文件效果

STEP 02 选择"项目"面板中的视频素材文件，将其拖曳至"时间轴"面板的 V1 轨道中，如图 2-58 所示。

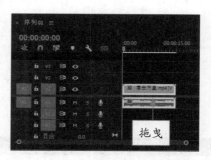

图 2-58　拖曳素材至视频轨道

STEP 03 在"节目监视器"面板中，❶设置时间为 00:00:02:20；❷单击"标记入点"按钮，设置剪辑的入点，如图 2-59 所示。

图 2-59　设置剪辑的入点

STEP 04 在"节目监视器"面板中，❶设置时间为 00:00:05:05；❷单击"标记出点"按钮，设置剪辑的出点，如图 2-60 所示。

图 2-60　设置剪辑的出点

▶ 专家指点

在 Premiere Pro 2023 中编辑某个视频作品，只需要使用中间部分或者视频的开始部分、结尾部分，此时就可以通过四点剪辑素材实现操作。

STEP 05 在"项目"面板中双击视频素材，在"源监视器"面板中，❶设置时间为 00:00:07:00；❷单击"标记入点"按钮 ，设置素材的入点，如图 2-61 所示。

图 2-61　设置素材的入点

STEP 06 在"源监视器"面板中，❶设置时间为 00:00:08:10；❷单击"标记出点"按钮 ，设置素材的出点，如图 2-62 所示。

图 2-62　设置素材的出点

STEP 07 在"源监视器"面板中单击"覆盖"按钮，即可完成四点剪辑的操作，其效果如图 2-63 所示。

图 2-63　四点剪辑素材效果

STEP 08 单击"播放 - 停止切换"按钮 ，预览视频画面效果，如图 2-64 所示。

图 2-64　预览视频效果

第3章

元素设计：调整图像的色彩色调

章前知识导读

　　调整色彩色调在影视视频的编辑中是必不可少的重要操作，合理的色彩搭配总能为视频增添几分亮点。本章将详细介绍影视素材文件调色的操作方法，主要包括调整图像的色彩知识、色彩的校正、色彩的调整等内容。

新手重点索引

　　了解色彩基础　　　　　　校正图像颜色
　　调整图像色彩

效果图片欣赏

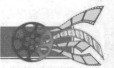

3.1 了解色彩基础

色彩在影视视频中是必不可少的一个重要元素，合理的色彩搭配总能为视频增添几分亮点。因此，用户在学习调整视频素材的色彩色调之前，必须对色彩的基础知识有一个基本的了解。

3.1.1 色彩的概念

色彩是由于光线刺激人的眼睛而产生的一种视觉效应，因此，光线是影响色彩明亮度和鲜艳度的一个重要因素。

从物理角度来讲，可见光是电磁波的一部分，其波长大致为 390nm～780nm，波长位于该范围内的光线被称为可视光线。自然的光线可以分解为红、橙、黄、绿、青、蓝和紫 7 种不同色彩的单色光，如图 3-1 所示。

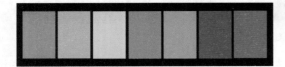

图 3-1　颜色的划分

▶ **专家指点**

在红、橙、黄、绿、青、蓝和紫 7 种不同的光谱色中，黄色的明度最高（最亮），橙色和绿色的明度低于黄色，红色、青色又低于橙色和绿色，紫色明度低于红色而高于蓝色，蓝色明度最低（最暗）。

自然界中的大多数物体都拥有吸收、反射和透射光线的特性，由于其本身并不能发光，因此，人们看到的大多是剩余光线的混合色彩，如图 3-2 所示。

图 3-2　自然界中的色彩（续）

3.1.2 色相

色相是指颜色的"相貌"，主要用于区别色彩的种类和名称。

除黑、白、灰外，其他颜色都有色相属性，色相的特征决定了光源光谱的色感。不同的颜色可以让人产生冷暖温差之感，如红色能带给人温暖、激情的感觉，蓝色则带给人寒冷、平稳的感觉。色环中的冷暖色划分如图 3-3 所示。

图 3-3　色环中的冷暖色划分

图 3-2　自然界中的色彩

当人们看到红色和橙红色时，很自然地便会联想到太阳、火焰，因而感到温暖。青色、蓝色、紫色等被称为冷色调，其中以青色最"冷"。

3.1.3　亮度和饱和度

亮度是指色彩的明暗程度，几乎所有的颜色都具有亮度的属性；饱和度是指色彩的鲜艳程度，由颜色的波长决定。

若要表现物体的立体感与空间感，则需要通过不同亮度的对比来实现。简单地讲，色彩的亮度越高，颜色就越淡；反之，亮度越低，颜色就越浓，并最终表现为黑色。从色彩的成分来讲，饱和度取决于色彩中含色成分与消色成分之间的比例。含色成分越多，饱和度越高；反之，消色成分越多，饱和度则越低。不同饱和度的色块如图 3-4 所示。

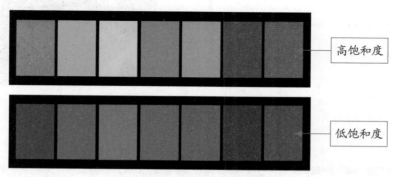

高饱和度

低饱和度

图 3-4　不同的饱和度

3.1.4　RGB 色彩模式

RGB 是指由红、绿、蓝三原色组成的色彩模式，三原色中的每一种色彩都包含 256 种亮度级别，合成 3 个通道即可显示完整的色彩图像。在 Premiere Pro 2023 中，可以通过对红、绿、蓝 3 个通道的数值调整来改变对象的色彩。图 3-5 所示为 RGB 色彩模式的视频画面。

图 3-5　RGB 色彩模式的视频画面

3.1.5　灰度模式

灰度模式的图像不包含颜色，彩色图像转换为该模式后，色彩信息都会被删除。灰度模式是一种无彩色模式，其中含有 256 种亮度级别和 1 个 Black 通道。因此，用户看到的图像都是由 256 种不同亮度的黑色所组成。图 3-6 所示为灰度模式的视频画面。

图 3-6　灰度模式的视频画面

3.1.6 HLS 色彩模式

HLS 色彩模式是一种颜色标准，是通过对色相（H）、亮度（L）、饱和度（S）3 个颜色通道的变化以及它们相互之间的叠加来得到各式各样的颜色。

HLS 色彩模式是基于人对色彩的心理感受，将色彩分为色相（Hue）、亮度（Luminance）、饱和度（Saturation）3 个要素，这种色彩模式更加符合人的主观感受，让用户觉得更加直观。

> ▶ **专家指点**
>
> 当用户需要使用灰色时，由于已知任何饱和度为 0 的 HLS 颜色均为中性灰色，因此只需要调整亮度即可。

3.1.7 Lab 色彩模式

Lab 色彩模式是由 1 个亮度通道和 2 个色彩通道组成，该色彩模式是一种测定颜色的国际标准。

Lab 色彩模式的色域最广，是唯一不依赖设备的颜色模式。Lab 色彩模式由 3 个通道组成，1 个

通道是亮度（L），另外 2 个是色彩通道，用 a 和 b 来表示。a 通道包括的颜色是从深绿色到灰色再到红色；b 通道则是从亮蓝色到灰色再到黄色。因此，这些色彩混合后将产生明亮的色彩。图 3-7 所示为 Lab 颜色模式的视频画面。

图 3-7　Lab 色彩模式的视频画面

3.2　校正图像颜色

在 Premiere Pro 2023 中编辑影片时，往往需要对影视素材的色彩进行校正，调整素材的颜色。本节主要介绍校正视频色彩的方法与技巧。

3.2.1 明暗调整：应用 RGB 曲线功能

"RGB 曲线"特效主要通过调整画面的明暗关系和色彩变化来实现画面颜色的校正。下面详细介绍用 RGB 曲线校正画面颜色的操作方法。

	素材文件	素材 \ 第 3 章 \3.2.1\ 舴艋轻舟 .prproj
	效果文件	效果 \ 第 3 章 \3.2.1\ 舴艋轻舟 .prproj
	视频文件	视频 \ 第 3 章 \3.2.1　明暗调整：应用 RGB 曲线功能 .mp4

【操练 + 视频】——明暗调整：应用 RGB 曲线功能

STEP 01 在 Premiere Pro 2023 工作界面中按 Ctrl ＋ O 组合键，打开项目文件，如图 3-8 所示。

STEP 02 选择"项目"面板中的素材文件，将其拖曳至"时间轴"面板的 V1 轨道中，如图 3-9 所示。

STEP 03 在"时间轴"面板中添加素材后，在"节目监视器"面板中可以查看素材画面，如图 3-10 所示。

STEP 04 在"效果"面板中，❶展开"视频效果"|"过时"选项；❷选择"RGB 曲线"视频特效，如图 3-11 所示。

图 3-8　打开项目文件

图 3-9　拖曳素材文件至"时间轴"面板

图 3-10　查看素材画面

图 3-11　选择"RGB 曲线"视频特效

STEP 05 按住鼠标左键将"RGB 曲线"视频特效拖曳至"时间轴"面板的素材上，如图 3-12 所示，释放鼠标即可添加视频特效。

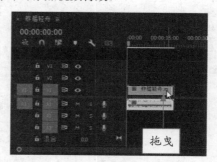

图 3-12　添加"RGB 曲线"特效

STEP 06 选择 V1 轨道上的素材，在"效果控件"面板中展开"RGB 曲线"选项，如图 3-13 所示。

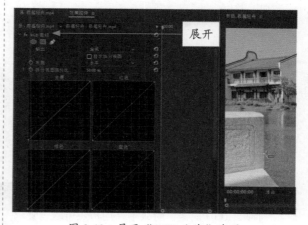

图 3-13　展开"RGB 曲线"选项

STEP 07 在"红色"矩形区域中按住鼠标左键拖动，创建并移动控制点，如图 3-14 所示。

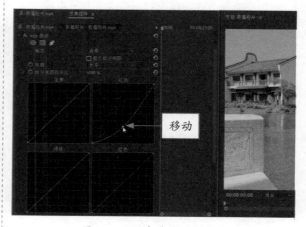

图 3-14　创建并移动控制点

STEP 08 执行上述操作后，即可完成运用 RGB 曲线校正色彩，如图 3-15 所示。

图 3-15　运用 RGB 曲线校正色彩

▶ 专家指点

　　"辅助颜色校正"属性用来指定使用效果校正的颜色范围，可以通过色相、饱和度和亮度指定颜色或颜色范围，将颜色校正效果限制到图像的特定区域。它类似于在 Photoshop 中执行选择或遮蔽图像，"辅助颜色校正"属性可供"亮度校正器""亮度曲线""RGB 颜色校正器""RGB 曲线""三向颜色校正器"等效果使用。

STEP 09 在"节目监视器"面板中预览视频效果，如图 3-16 所示。

图 3-16　RGB 曲线调整的前后对比效果

▶ 专家指点

　　在"RGB 曲线"特效中，用户还可以设置以下选项。

❶ 显示拆分视图：将图像的一部分显示为校正视图，而将图像的另一部分显示为未校正视图。

❷ 主要通道：在更改曲线形状时将改变所有通道的亮度和对比度。曲线向上弯曲会使图像变亮，曲线向下弯曲则会使图像变暗。曲线较陡峭的部分表示图像中的对比度较高。通过单击可将控制点添加到曲线上，拖动控制点可改变其位置及操控曲线的形状，将点拖离图表可以删除控制点。

❸ 辅助颜色校正：指定由效果校正的颜色范围，可以通过色相、饱和度和亮度定义颜色。单击三角形按钮可访问控件。

❹ 中央：在用户指定的范围中定义中央颜色，选择吸管工具，然后在屏幕上单击任意位置以指定颜色，此颜色会显示在色板中。用户也可以单击色板来打开 Adobe 拾色器，然后选择中央颜色。

❺ 色相、饱和度和亮度：根据色相、饱和度或亮度指定要校正的颜色范围。单击选项名称旁边的三角形按钮，可以访问阈值和柔和度（羽化）控件，用于定义色相、饱和度或亮度范围。

❻ 结尾柔和度：使指定区域的边界模糊，从而使校正区域更大程度上与原始图像可以平滑过渡。注意，值越大，柔和效果越明显。

❼ 边缘细化：使指定区域有更清晰的边界，校正显得更明显，值越大，指定区域的边缘清晰度越高。

❽ 反转：校正除使用"辅助颜色校正"设置的指定颜色范围外的所有的颜色。

3.2.2　校正颜色：替换颜色转换色彩效果

更改颜色是指通过指定一种颜色，然后用另一种新的颜色来替换用户指定的颜色，达到色彩转换的效果。下面具体介绍替换颜色转换色彩的操作方法。

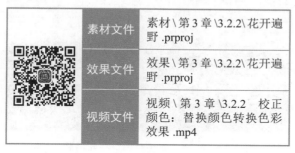	素材文件	素材\第 3 章\3.2.2\花开遍野.prproj
	效果文件	效果\第 3 章\3.2.2\花开遍野.prproj
	视频文件	视频\第 3 章\3.2.2　校正颜色：替换颜色转换色彩效果.mp4

【操练 + 视频】
——校正颜色：替换颜色转换色彩效果

STEP 01 按 Ctrl + O 组合键，打开项目文件，如图 3-17 所示。

图 3-17　打开项目文件

STEP 02 打开项目文件后，在"节目监视器"面板中便可以查看素材画面，如图 3-18 所示。

图 3-18　查看素材画面

STEP 03 在"效果"面板中，展开"视频效果"|"过时"选项，选择"更改颜色"特效，如图 3-19 所示。

图 3-19　选择"更改颜色"特效

STEP 04 按住鼠标左键拖曳"更改颜色"特效至"时间轴"面板中的素材文件上，如图 3-20 所示，释放鼠标即可添加视频特效。

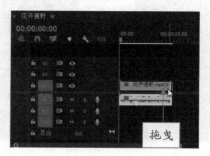

图 3-20　拖曳"更改颜色"特效

STEP 05 选择 V1 轨道上的素材，在"效果控件"面板中，展开"更改颜色"选项，单击"要更改的颜色"选项右侧的"吸管工具" ✐ ，如图 3-21 所示。

图 3-21　单击吸管图标

STEP 06 在"节目监视器"面板中的合适位置单击，进行颜色采样，如图 3-22 所示。

STEP 07 在"效果控件"面板中，设置"色相变换"为 383.0，"亮度变换"为 3.0，"饱和度变换"为 15.0，"匹配容差"为 40.0%，如图 3-23 所示。

图 3-22　进行颜色采样

图 3-23　设置相应的选项参数

STEP 08 执行上述操作后，即可运用"更改颜色"特效调整色彩，效果如图 3-24 所示。

图 3-24　运用"更改颜色"特效调整色彩

▶ 专家指点

　　当用户第一次确认需要修改的颜色时，只需要选择近似的颜色即可，因为在了解颜色替换效果后才能精确调整替换的颜色。"更改颜色"特效是通过调整素材色彩范围内色相、亮度以及饱和度的数值，来改变色彩范围内的颜色的。

▶ 专家指点

　　"更换颜色"特效的主要选项介绍如下。
　　❶ 视图："校正的图层"显示更改颜色效果的结果。"颜色校正遮罩"显示将要更改的图层区域。颜色校正遮罩中白色区域的变化最大，黑暗区域变化最小。
　　❷ 色相变换：主要用于调整图像的色相、饱和度和亮度。
　　❸ 亮度变换：正值使匹配的像素变亮，负值使匹配的像素变暗。
　　❹ 饱和度变换：正值增加匹配的像素的饱和度（向纯色移动），负值降低匹配的像素的饱和度（向灰色移动）。
　　❺ 要更改的颜色：素材范围中要更改的目标颜色。
　　❻ 匹配容差：设置的匹配容差值越大，在选取颜色时所设置的选取范围也就越大。
　　❼ 匹配柔和度：不匹配像素受效果影响的程度，与"要匹配的颜色"的相似性成对应比例。
　　❽ 匹配颜色：调整图像中的颜色，使其与指定的颜色或参考颜色相匹配。
　　❾ 反转颜色校正蒙版：用于反转受颜色影响的蒙版。

STEP 09 单击"播放 - 停止切换"按钮▶，预览视频效果，效果对比如图 3-25 所示。

　　在 Premiere Pro 2023 中，用户也可以使用"更改为颜色"特效，调整色相、亮度和饱和度值，将用户在图像中选择的颜色更改为另一种颜色，且保持其他颜色不受影响。

图 3-25　"更改颜色"调整的前后对比效果

▶ 专家指点

　　"更改为颜色"特效提供了"更改颜色"特效未能提供的一些选项。这些选项包括用于精确颜色匹配的色相、亮度和饱和度容差滑块，以及设置用户希望更改成的目标颜色的精确 RGB 值的功能。"更改为颜色"选项界面如图 3-26 所示。

　　将素材添加到"时间轴"面板的轨道上后，为素材添加"更改为颜色"特效。在"效果控件"面板中，展开"更改为颜色"选项，单击"自"右侧的色块，在弹出的"拾色器"对话框中设置 RGB 参数为（224，23，23）；单击"至"右侧的色块，弹出"拾色器"对话框，设置 RGB 参数为（147，152，24）；设置"色相"为 20.0%，"亮度"为 60.0%，"饱和度"为 20.0%，"柔和度"为 20.0%，调整效果如图 3-27 所示。

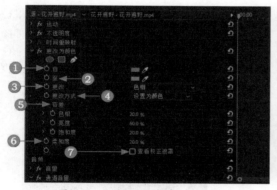

图 3-26　"更改为颜色"选项界面

图 3-27　调整效果

❶ 自：要更改的颜色范围的中心。

❷ 至：将匹配的像素更改成的目标颜色（若要将素材颜色变化设置成动画，则要为"至"颜色设置关键帧）。

❸ 更改：选择受影响的通道。

❹ 更改方式：如何更改颜色，"设置为颜色"表示将受影响的像素直接更改为目标颜色；"变换为颜色"表示使用 HLS 插值方式将受影响的像素向目标颜色变换，每个像素的更改量取决于像素的颜色与"自"颜色的接近程度。

❺ 容差：颜色可以在多大程度上不同于"自"颜色并且仍然匹配，展开此控件可以显示色相、亮度以及饱和度值的单独滑块。

❻ 柔和度：用于校正遮罩边缘的羽化量，较高的值将在受颜色更改影响的区域与不受影响的区域之间创建更平滑的过渡。

❼ 查看校正遮罩：显示灰度遮罩，表示效果影响每个像素的程度，白色区域的变化最大，黑暗区域的变化最小。

3.2.3　平衡颜色：调整画面平衡素材颜色

　　HLS 是色相、亮度以及饱和度 3 个颜色通道的简称。"颜色平衡（HLS）"特效能够通过调整画面的色相、饱和度以及亮度来达到平衡素材颜色的作用。下面介绍通过"颜色平衡（HLS）"特效调整画面色彩的操作方法。

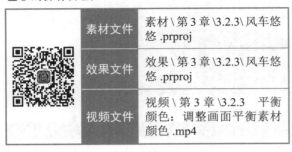

素材文件	素材\第 3 章\3.2.3\风车悠悠 .prproj
效果文件	效果\第 3 章\3.2.3\风车悠悠 .prproj
视频文件	视频\第 3 章\3.2.3　平衡颜色：调整画面平衡素材颜色 .mp4

【操练＋视频】
——平衡颜色：调整画面平衡素材颜色

STEP 01 按 Ctrl ＋ O 组合键，打开项目文件，如图 3-28 所示。

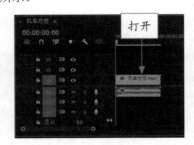

图 3-28　打开项目文件

STEP 02 在"节目监视器"面板中即可查看素材画面，如图 3-29 所示。

图 3-29　查看素材画面

STEP 03 在"效果"面板中，展开"视频效果"|"过时"选项，选择"颜色平衡（HLS）"特效，如图 3-30 所示。

STEP 04 按住鼠标左键拖曳"颜色平衡（HLS）"特效至"时间轴"面板中的素材文件上，如图 3-31 所示，释放鼠标即可添加视频特效。

图 3-30　选择"颜色平衡（HLS）"特效

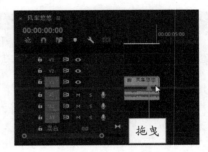

图 3-31　拖曳"颜色平衡（HLS）"特效

STEP 05 选择 V1 轨道上的素材，在"效果控件"面板中，展开"颜色平衡（HLS）"选项，如图 3-32 所示。

图 3-32　展开"颜色平衡（HLS）"选项

STEP 06 在"效果控件"面板中，设置"色相"为 -20.0°，"亮度"为 0.0，"饱和度"为 0.0，如图 3-33 所示。

图 3-33　设置相应的数值

STEP 07 执行以上操作后，即可运用"颜色平衡（HLS）"调整色彩，单击"播放 - 停止切换"按钮▶，预览视频效果，效果对比如图 3-34 所示。

图 3-34　"颜色平衡（HLS）"特效调整的前后对比效果

3.3　调整图像色彩

色彩的调整主要是针对素材中的对比度、亮度、颜色以及通道等进行特殊的调整和处理。在 Premiere Pro 2023 中，系统为用户提供了 9 种特殊效果，本节将对其中几种常用特效进行介绍。

3.3.1　自动色阶：调整每一个位置的颜色

在 Premiere Pro 2023 中，"自动色阶"特效可以自动调整素材画面的高光、阴影，并可以调整每一个位置的颜色。下面介绍运用"自动色阶"特效调整图像色彩的操作方法。

	素材文件	素材 \ 第 3 章 \3.3.1\ 静谧海湾 .prproj
	效果文件	效果 \ 第 3 章 \3.3.1\ 静谧海湾 .prproj
	视频文件	视频 \ 第 3 章 \3.3.1　自动色阶：调整每一个位置的颜色 .mp4

【操练 + 视频】
——自动色阶：调整每一个位置的颜色

STEP 01 选择"文件"|"打开项目"命令，打开项目文件，可以看到"项目"面板，如图 3-35 所示。

STEP 02 在"节目监视器"面板中可以查看素材画面，如图 3-36 所示。

图 3-35　打开项目文件

图 3-36　查看素材画面

STEP 03 在"效果"面板中，展开"视频效果"|"过时"选项，选择"自动色阶"特效，如图 3-37 所示。

图 3-37　选择"自动色阶"特效

STEP 04 按住鼠标左键拖曳"自动色阶"特效至"时间轴"面板中的素材文件上，如图 3-38 所示，释放鼠标即可添加视频特效。

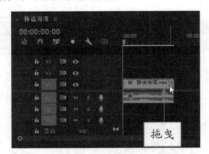

图 3-38　拖曳"自动色阶"特效

STEP 05 选择 V1 轨道上的素材，在"效果控件"面板中，展开"自动色阶"选项，如图 3-39 所示。

图 3-39　展开"自动色阶"选项

STEP 06 在"效果控件"面板中，设置"减少黑色像素"为 2.00%，"减少白色像素"为 3.00%，"与原始图像混合"为 5.0%，如图 3-40 所示。

STEP 07 执行以上操作后，即可运用"自动色阶"特效调整色彩，单击"播放 - 停止切换"按钮▶，预览视频效果，如图 3-41 所示。

图 3-40　设置相应的参数

图 3-41　"自动色阶"特效调整的前后对比效果

3.3.2　光照效果：制作图像中的照明效果

"光照效果"特效可以用来在图像中制作并应用多种照明效果。下面介绍运用"光照效果"特效制作照明效果的操作方法。

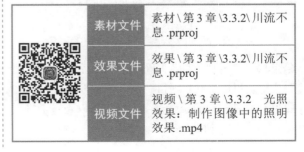

	素材文件	素材 \ 第 3 章 \3.3.2\ 川流不息 .prproj
	效果文件	效果 \ 第 3 章 \3.3.2\ 川流不息 .prproj
	视频文件	视频 \ 第 3 章 \3.3.2　光照效果：制作图像中的照明效果 .mp4

【操练 + 视频】
——光照效果：制作图像中的照明效果

STEP 01 选择"文件"|"打开项目"命令，打开项目文件，可以看到"时间轴"面板，如图 3-42 所示。

图 3-42　打开项目文件

STEP 02 在"节目监视器"面板中可以查看此时的素材画面，如图 3-43 所示。

图 3-43　查看素材画面

STEP 03 在"效果"面板中，展开"视频效果"|"调整"选项，选择"光照效果"特效，如图 3-44 所示。

图 3-44　选择"光照效果"特效

STEP 04 按住鼠标左键拖曳"光照效果"特效至

"时间轴"面板中的素材文件上，如图 3-45 所示，释放鼠标即可添加视频特效。

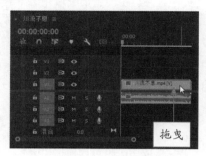

图 3-45　拖曳"光照效果"特效

▶ **专家指点**

在"光照效果"特效中，用户还可以设置以下选项。

❶ 曝光：用于增加（正值）或减少（负值）光照的亮度。未进行设置的情况下，光照的默认亮度值为 0。

❷ 凹凸高度：在选择凹凸通道后，所选区域边缘会如同陷下去一般，产生立体效果。凹凸高度就是此时边缘的凹陷程度，值越大，立体效果越明显。

STEP 05 选择 V1 轨道上的素材，在"效果控件"面板中，展开"光照效果"|"光照 1"选项，如图 3-46 所示。

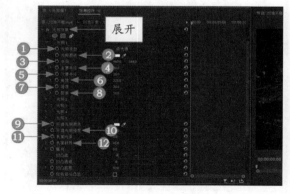

图 3-46　展开"光照效果"|"光照 1"选项

STEP 06 在"效果控件"面板中，设置"光照类型"为"点光源"，"中央"为（1050.0，516.0），"主要半径"为 18.0，"次要半径"为 16.0，"角度"为 134.0°，"强度"为 19.0，"聚焦"为 30.0，如图 3-47 所示。

▶ 专家指点

"光照效果"中的主要选项介绍如下。

① 光照类型：选择光照类型以指定光源。"无"用于关闭光照；"方向型"用于从远处提供光照，使光线角度不变；"全光源"用于直接在图像上方提供四面八方的光照，类似于灯泡照在一张纸上的情形；"聚光"用于投射椭圆形光束。

② 光照颜色：用来指定光照颜色。可以单击色板使用 Adobe 拾色器选择颜色，然后单击"确定"按钮；也可以使用"吸管工具"🔧，然后在计算机桌面上的任意位置进行颜色采样。

③ 中央：使用光照中心的 X 和 Y 坐标值移动光照，也可以通过在"节目监视器"面板中拖动中心圆来定位光照。

④ 主要半径：用于调整全光源或点光源的长度，也可以在"节目监视器"面板中拖动手柄来调整。

⑤ 次要半径：用于调整点光源的宽度。光照变为圆形后，增加次要半径也就会增加主要半径，也可以在"节目监视器"面板中拖动手柄来调整此属性。

⑥ 角度：用于更改平行光或点光源的方向。通过指定度数值可以调整此属性，也可在"节目监视器"面板中将鼠标指针移至控制柄之外，当其变成双头弯箭头形状时，拖动以改变光的方向。

⑦ 强度：用于控制光照的明亮强度。

⑧ 聚焦：用于调整点光源的最明亮区域的大小。

⑨ 环境光照颜色：用于更改环境光的颜色。

⑩ 环境光照强度：提供漫射光，就像该光照与室内其他光照（如日光或荧光）相混合一样。选择值 100，表示仅使用光源；选择值 −100，则表示移除光源。要更改环境光的颜色，可以单击颜色框，在弹出的"拾色器"对话框中进行设置。

⑪ 表面光泽：决定物体表面对光的反射能力，值介于 −100（低反射）到 100（高反射）之间。

⑫ 表面材质：用于确定反射率较高者是光本身还是光照对象。值 −100 表示反射光本身的颜色，值 100 表示反射对象的颜色。

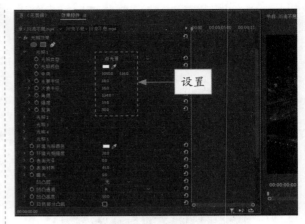

图 3-47　设置相应参数

STEP 07）执行上述操作后，即可运用"光照效果"特效制作照明效果，单击"播放 - 停止切换"按钮▶，预览视频效果，如图 3-48 所示。

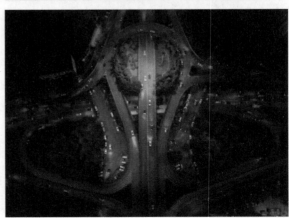

图 3-48　"光照效果"特效调整的前后对比效果

专家指点

　　在 Premiere Pro 2023 中，对剪辑应用"光照效果"时，最多可采用 5 个光照来产生有创意的光照效果。"光照效果"可用于控制光照属性，如光照类型、方向、强度、颜色和光照中心。Premiere Pro 2023 中还有一个"凹凸层"控件可以使用其他素材中的纹理或图案产生特殊光照效果，比如类似 3D 表面的效果。

3.3.3　黑白效果：将素材画面转换为灰度图像

　　"黑白"特效主要是用于将素材画面转换为灰度图像。下面将介绍调整图像的黑白效果的操作方法。

素材文件	素材\第 3 章\3.3.3\碧波荡漾 .prproj
效果文件	效果\第 3 章\3.3.3\碧波荡漾 .prproj
视频文件	视频\第 3 章\3.3.3　黑白效果：将素材画面转换为灰度图像 .mp4

【操练 + 视频】
——黑白效果：将素材画面转换为灰度图像

STEP 01　选择"文件"|"打开项目"命令，打开项目文件，如图 3-49 所示。

图 3-49　打开项目文件

STEP 02　此时在"节目监视器"面板中可以查看素材画面，如图 3-50 所示。

STEP 03　在"效果"面板中，展开"视频效果"|"图像控制"选项，选择"黑白"特效，如图 3-51 所示。

图 3-50　查看素材画面

图 3-51　选择"黑白"特效

STEP 04　按住鼠标左键拖曳"黑白"特效至"时间轴"面板中的素材文件上，如图 3-52 所示，释放鼠标即可添加视频特效。

图 3-52　拖曳"黑白"特效

STEP 05　选择 V1 轨道上的素材，在"效果控件"面板中，展开"黑白"选项，保持默认设置即可，如图 3-53 所示。

STEP 06　执行以上操作后，即可运用"黑白"特效调整色彩，单击"播放 - 停止切换"按钮▶，预览视频效果，如图 3-54 所示。

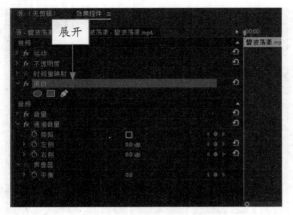

图 3-53 保持默认设置

图 3-54 预览视频效果

3.3.4 颜色过滤：过滤图像中的指定颜色

"颜色过滤"特效主要用于将图像中某一指定颜色外的其他部分转换为灰度图像。下面介绍过滤图像中的指定颜色的操作方法。

素材文件	素材\第 3 章\3.3.4\江水滔滔 .prproj
效果文件	效果\第 3 章\3.3.4\江水滔滔 .prproj
视频文件	视频\第 3 章\3.3.4 颜色过滤：过滤图像中的指定颜色 .mp4

【操练＋视频】
——颜色过滤：过滤图像中的指定颜色

STEP 01 选择"文件"|"打开项目"命令，打开项目文件，可以看到"时间轴"面板，如图 3-55 所示。

图 3-55 打开项目文件

STEP 02 打开项目文件后，在"节目监视器"面板中可以查看素材画面，如图 3-56 所示。

图 3-56 查看素材画面

STEP 03 在"效果"面板中，展开"视频效果"|"图像控制"选项，选择 Color Pass（颜色过滤）特效，如图 3-57 所示。

图 3-57 选择 Color Pass（颜色过滤）特效

STEP 04 按住鼠标左键拖曳 Color Pass（颜色过滤）特效至"时间轴"面板中的素材文件上，如图 3-58 所示，释放鼠标即可添加视频特效。

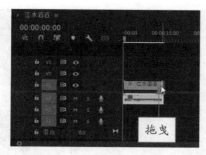

图 3-58　拖曳 Color Pass（颜色过滤）特效

STEP 05 选择 V1 轨道上的素材，在"效果控件"面板中，展开 Color Pass（颜色过滤）选项，如图 3-59 所示。

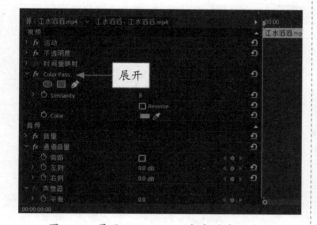

图 3-59　展开 Color Pass（颜色过滤）选项

STEP 06 在"效果控件"面板中，单击 Color（颜色）右侧的"吸管工具" ，在"节目监视器"面板素材背景中的蓝色部分单击，进行颜色采样，如图 3-60 所示。

图 3-60　进行颜色采样

STEP 07 采样完成后，在"效果控件"面板中，设置 Similarity（相似性）为 75，如图 3-61 所示。

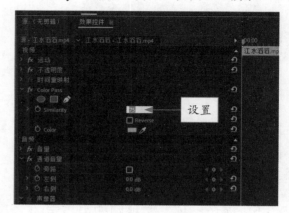

图 3-61　设置相应参数

STEP 08 执行以上操作后，即可运用 Color Pass（颜色过滤）特效调整色彩，如图 3-62 所示。

图 3-62　运用 Color Pass（颜色过滤）特效调整色彩

STEP 09 单击"播放 - 停止切换"按钮 ，预览视频效果，效果对比如图 3-63 所示。

图 3-63　"颜色过滤"特效调整的前后对比效果

图 3-63 "颜色过滤"特效调整的前后对比效果（续）

3.3.5 颜色替换：替换图像中指定的颜色

"颜色替换"特效主要是通过目标颜色来改变素材中的颜色。下面介绍替换图像中指定的颜色的操作方法。

素材文件	素材\第3章\3.3.5\热血跑道.prproj
效果文件	效果\第3章\3.3.5\热血跑道.prproj
视频文件	视频\第3章\3.3.5 颜色替换：替换图像中指定的颜色.mp4

【操练 + 视频】
——颜色替换：替换图像中指定的颜色

STEP 01 选择"文件"|"打开项目"命令，打开项目文件，可以看到"时间轴"面板，如图 3-64 所示。

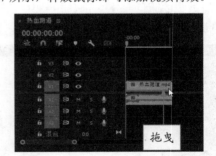

图 3-64 打开项目文件

STEP 02 打开项目文件后，在"节目监视器"面板中可以查看到素材的画面，如图 3-65 所示。

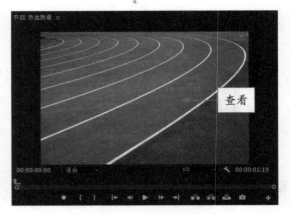

图 3-65 查看素材画面

STEP 03 在"效果"面板中，展开"视频效果"|"图像控制"选项，选择 Color Replace（颜色替换）特效，如图 3-66 所示。

图 3-66 选择 Color Replace（颜色替换）特效

STEP 04 按住鼠标左键拖曳 Color Replace（颜色替换）特效至"时间轴"面板中的素材文件上，如图 3-67 所示，释放鼠标即可添加视频特效。

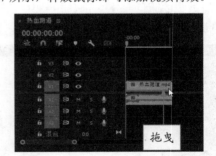

图 3-67 拖曳 Color Replace（颜色替换）特效

STEP 05 选择 V1 轨道上的素材，在"效果控件"面板中，展开 Color Replace（颜色替换）选项，如图 3-68 所示。

STEP 06 在"效果控件"面板中，单击 Target Color（目标颜色）右侧的"吸管工具"，在"节目监视器"面板的素材背景中吸取分道线的颜色，进行采样，如图 3-69 所示。

图 3-68　展开 Color Replace（颜色替换）选项

图 3-69　进行采样

STEP 07 取样完成后，在"效果控件"面板中，❶设置 Replace Color（替换颜色）为黄色（RGB 参数值为 250，200，50）；❷设置 Similarity（相似性）为 25，如图 3-70 所示。

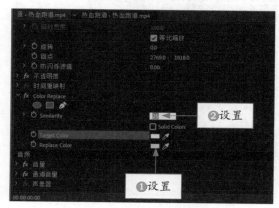

图 3-70　设置相应参数

STEP 08 执行以上操作后，即可运用 Color Replace（颜色替换）特效调整色彩，如图 3-71 所示。

图 3-71　运用 Color Replace（颜色替换）特效调整色彩

STEP 09 单击"播放 - 停止切换"按钮▶，预览视频效果，效果对比如图 3-72 所示。

图 3-72　"颜色替换"特效调整的前后对比效果

第4章

影视转场：制作视频的转场特效

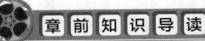

章前知识导读

  转场是指利用某些特殊的效果，在素材与素材之间产生自然、平滑、美观以及流畅的过渡效果。合理地运用转场效果，可以让视频画面更富表现力，从而制作出让人赏心悦目的影视片段。本章将详细介绍编辑与设置视频转场效果的方法。

新手重点索引

- 掌握转场基础知识
- 设置转场属性
- 编辑转场效果
- 应用转场特效

效果图片欣赏

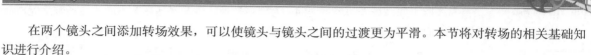

　　在两个镜头之间添加转场效果，可以使镜头与镜头之间的过渡更为平滑。本节将对转场的相关基础知识进行介绍。

4.1.1　了解转场的功能

　　视频影片是由多个镜头连接组建起来的，镜头之间的切换过程难免会显得过于僵硬，所以需要选择不同的转场来达到过渡效果，如图 4-1 所示。

图 4-1　转场效果

4.1.2　了解转场的分类

　　Premiere Pro 2023 中提供了多种多样的典型转换效果，根据不同的类型，系统将其归类在不同的文件夹中。

　　Premiere Pro 2023 中包含的转场效果有 3D 运动效果、划像效果、页面剥落效果、溶解效果、擦除效果、内滑效果、缩放效果等。图 4-2 所示为"划像"转场效果。

图 4-2　"划像"转场效果

4.1.3　了解转场的应用

　　构成影片的最小单位是镜头，一个个镜头连接在一起形成的镜头序列叫作段落。每个段落都是单一的、相对完整的。段落与段落之间、场景与场景之间的过渡或转换，就叫作转场。不同的转场效果应用在不同的场景，其效果就会不同。图 4-3 所示为"百叶窗"转场效果。

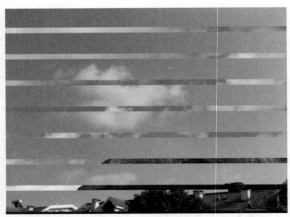

图 4-3　"百叶窗"转场效果

　　在影视科技不断发展的今天，转场的应用已经从单纯的影视效果发展到许多商业的动态广告、游戏的开场动画以及网络视频的制作中。如 3D 转场中的"帘式"转场，多用于娱乐节目的 MTV 中，让节目看起来更加生动。叠化转场中的"白场过渡"与"黑场过渡"转场效果常用在影视节目的片头和片尾处，这种缓慢的过渡可以避免让观众产生过于突然的感觉。

4.2　编辑转场效果

　　在两个镜头之间添加合适的转场效果，可以让两个不同画面间的过渡变得流畅自然。本节主要介绍转场效果的基本编辑方法。

4.2.1　视频过渡：制作碧水晴空视频效果

　　在 Premiere Pro 2023 中，转场效果被放置在"效果"面板的"视频过渡"文件夹中，用户只需将转场效果拖入视频轨道中即可。下面介绍添加转场效果的操作方法。

	素材文件	素材 \ 第 4 章 \4.2.1\ 碧水晴空 .prproj
	效果文件	效果 \ 第 4 章 \4.2.1\ 碧水晴空 .prproj
	视频文件	视频 \ 第 4 章 \4.2.1　视频过渡：制作碧水晴空视频效果 .mp4

【操练＋视频】——视频过渡：制作碧水晴空视频效果

STEP 01　选择"文件"|"打开项目"命令，打开项目文件，效果如图 4-4 所示。

STEP 02　在"效果"面板中展开"视频过渡"选项，如图 4-5 所示。

STEP 03　❶展开"过时"选项；❷选择"翻转"转场效果，如图 4-6 所示。

STEP 04　按住鼠标左键将其拖曳至 V1 轨道的两个素材之间，即可添加转场效果，如图 4-7 所示。

图 4-4　打开的项目文件效果

图 4-5　展开"视频过渡"选项

图 4-6　选择"翻转"转场效果

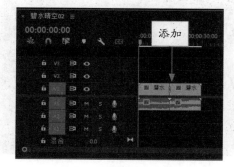

图 4-7　添加转场效果

STEP 05 执行上述操作后，单击"节目监视器"面板中的"播放 - 停止切换"按钮▶，即可预览转场效果，如图 4-8 所示。

图 4-8　预览转场效果

4.2.2　轨道转场：制作车流奔涌视频效果

在 Premiere Pro 2023 中，不仅可以在同一个轨道中添加转场效果，还可以在不同的轨道中添加转场效果。下面介绍为不同的轨道添加转场效果的操作方法。

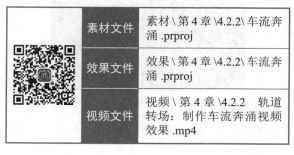

素材文件	素材 \ 第 4 章 \4.2.2\ 车流奔涌 .prproj
效果文件	效果 \ 第 4 章 \4.2.2\ 车流奔涌 .prproj
视频文件	视频 \ 第 4 章 \4.2.2　轨道转场：制作车流奔涌视频效果 .mp4

【操练＋视频】
——轨道转场：制作车流奔涌视频效果

STEP 01 选择"文件"|"打开项目"命令，打开项目文件，效果如图 4-9 所示。

图 4-9　打开项目文件的效果

STEP 02 拖曳"项目"面板中的素材至 V1 轨道和 V2 轨道上，并使素材与素材之间有合适的交叉，如图 4-10 所示。

图 4-10　拖曳素材

STEP 03 在"效果"面板中，❶展开"视频过渡"|"过时"选项；❷选择"立方体旋转"转场效果，如图 4-11 所示。

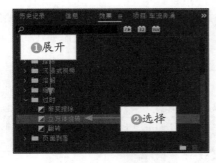

图 4-11　选择"立方体旋转"转场效果

STEP 04 按住鼠标左键将其拖曳至 V2 轨道的素材上，便可以添加转场效果，如图 4-12 所示。

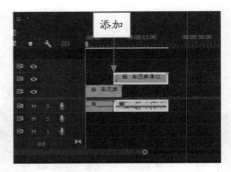

图 4-12　添加转场效果

▶ 专家指点

　　在 Premiere Pro 2023 中为不同的轨道添加转场效果时，需要注意将不同轨道的素材之间进行合适的交叉，否则会出现黑屏过渡效果。

STEP 05 执行上述操作后，单击"节目监视器"面板中的"播放 - 停止切换"按钮▶，即可预览转场效果，如图 4-13 所示。

图 4-13　预览转场效果

▶ 专家指点

在 Premiere Pro 2023 中，将多个素材依次在轨道中连接时，要注意前一个素材的最后一帧与后一个素材的第一帧之间的衔接性，两个素材一定要紧密地连接在一起。如果中间留有时间空隙，则会在最终的影片播放中出现黑场。

4.2.3　替换删除：制作日暮西沉视频效果

在 Premiere Pro 2023 中，当用户发现添加的转场效果并不满意时，可以替换或删除转场效果。下面介绍替换和删除转场效果的操作方法。

	素材文件	素材\第 4 章\4.2.3\日暮西沉 .prproj
	效果文件	效果\第 4 章\4.2.3\日暮西沉 .prproj
	视频文件	视频\第 4 章\4.2.3　替换删除：制作日暮西沉视频效果 .mp4

【操练 + 视频】
——替换删除：制作日暮西沉视频效果

STEP 01 选择"文件"|"打开项目"命令，打开项目文件，效果如图 4-14 所示。

图 4-14　打开项目文件的效果

▶ 专家指点

在 Premiere Pro 2023 中，如果用户不再需要某个转场效果，可以在"时间轴"面板中选择该转场效果，按 Delete 键删除即可。

STEP 02 在"时间轴"面板的 V1 轨道中可以查看转场效果，如图 4-15 所示。

图 4-15　查看转场效果

STEP 03 在"效果"面板中，❶展开"视频过渡"|"划像"选项；❷选择"圆划像"转场效果，如图 4-16 所示。

图 4-16　选择"圆划像"转场效果

STEP 04 按住鼠标左键将其拖曳至 V1 轨道的原转场效果所在位置，即可替换转场效果，如图 4-17 所示。

图 4-17　替换转场效果

STEP 05 执行上述操作后，单击"节目监视器"面板中的"播放 - 停止切换"按钮▶，即可预览替换后的转场效果，如图 4-18 所示。

STEP 06 在"时间轴"面板中选择转场效果，单击鼠标右键，在弹出的快捷菜单中选择"清除"命令，如图 4-19 所示，即可删除转场效果。

图 4-18 预览转场效果

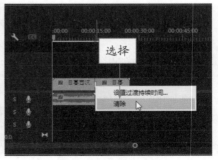

图 4-19 选择"清除"命令

4.3 设置转场属性

　　在 Premiere Pro 2023 中，可以对已添加的转场效果进行相应设置，从而达到美化转场效果的目的。本节主要介绍设置转场效果属性的方法。

4.3.1 时间设置：制作夜幕新城视频效果

　　添加的视频转场效果默认为30帧的播放时间，用户可以根据需要对转场的播放时间进行调整。下面介绍设置转场播放时间的操作方法。

素材文件	素材\第4章\4.3.1\夜幕新城.prproj
效果文件	效果\第4章\4.3.1\夜幕新城.prproj
视频文件	视频\第4章\4.3.1 时间设置：制作夜幕新城视频效果.mp4

【操练＋视频】
——时间设置：制作夜幕新城视频效果

STEP 01 在 Premiere Pro 2023 工作界面中，选择"文件"|"打开项目"命令，打开项目文件，效果如图 4-20 所示。

STEP 02 在"效果"面板中，❶展开"视频过渡"|"划像"选项；❷选择"菱形划像"转场效果，如图 4-21 所示。

图 4-20 打开的项目文件效果

图 4-21 选择"菱形划像"转场效果

STEP 03 按住鼠标左键将其拖曳至 V1 轨道的两个素材之间，即可添加转场效果，如图 4-22 所示。

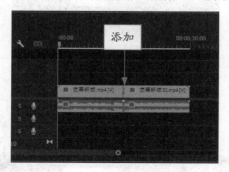

图 4-22　添加转场效果

STEP 04 在"时间轴"面板的 V1 轨道中，选择添加的转场效果，在"效果控件"面板中，设置"持续时间"为 00:00:05:00，如图 4-23 所示。

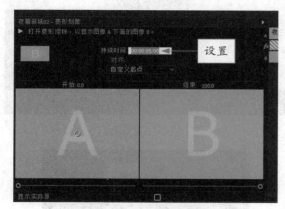

图 4-23　设置持续时间

STEP 05 执行上述操作后，即可设置转场时间，单击"节目监视器"面板中的"播放 - 停止切换"按钮▶，即可预览转场效果，如图 4-24 所示。

图 4-24　预览转场效果

图 4-24　预览转场效果（续）

▶ 专家指点

在 Premiere Pro 2023 的"效果控件"面板中，不仅可以设置转场效果的持续时间，还可以显示素材的实际来源、边框、边色、反向以及抗锯齿品质等属性。

4.3.2　对齐转场：制作遮天蔽日视频效果

在 Premiere Pro 2023 中，用户可以根据需要对添加的转场效果设置对齐方式。下面介绍对齐转场效果的操作方法。

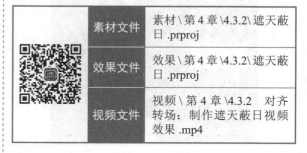

素材文件	素材\第 4 章\4.3.2\遮天蔽日 .prproj
效果文件	效果\第 4 章\4.3.2\遮天蔽日 .prproj
视频文件	视频\第 4 章\4.3.2　对齐转场：制作遮天蔽日视频效果 .mp4

【操练 + 视频】
——对齐转场：制作遮天蔽日视频效果

STEP 01 在 Premiere Pro 2023 界面中，选择"文件"|"打开项目"命令，打开项目文件，效果如图 4-25 所示。

STEP 02 在"节目监视器"面板中可以查看素材画面，在"效果"面板中，❶展开"视频过渡"|"页面剥落"选项；❷选择"页面剥落"转场效果，如图 4-26 所示。

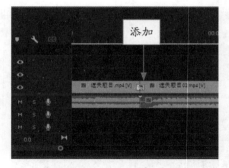

图4-27 添加转场效果

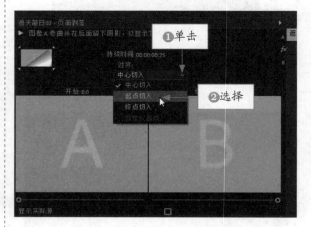

图4-28 选择"起点切入"选项

图4-25 打开的项目文件效果

图4-26 选择"页面剥落"转场效果

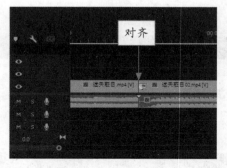

图4-29 转场效果对齐到"起点切入"位置

STEP 03 按住鼠标左键将其拖曳至V1轨道的两个素材之间,即可添加转场效果,如图4-27所示。

STEP 04 选择添加的转场效果,在"效果控件"面板中,❶单击"对齐"右侧的下拉按钮▼;❷在弹出的下拉列表框中选择"起点切入"选项,如图4-28所示。

STEP 05 执行上述操作后,V1轨道上的转场效果即可对齐到"起点切入"位置,如图4-29所示。

● 专家指点

　　在 Premiere Pro 2023 的"效果控件"面板中,系统默认的对齐方式为居中于切点,即"中心切入"。用户可以设置对齐方式为中心切入、起点切入或者终点切入,配合影片内容达到不同的转场效果。

STEP 06 单击"节目监视器"面板中的"播放-停止切换"按钮▶,即可预览转场效果,如图4-30所示。

图 4-30　预览转场效果

4.3.3　反向转场：制作碧蓝海湾视频效果

在 Premiere Pro 2023 中，将转场效果设置反向，预览转场效果时可以预览反向显示效果。下面介绍反向转场效果的操作方法。

素材文件	素材\第 4 章\4.3.3\碧蓝海湾 .prproj
效果文件	效果\第 4 章\4.3.3\碧蓝海湾 .prproj
视频文件	视频\第 4 章\4.3.3　反向转场：制作碧蓝海湾视频效果 .mp4

【操练 + 视频】
——反向转场：制作碧蓝海湾视频效果

STEP 01 在 Premiere Pro 2023 工作界面中，选择"文件"|"打开项目"命令，打开项目文件，效果如图 4-31 所示。

图 4-31　打开的项目文件效果

STEP 02 在"时间轴"面板中选择转场效果，如图 4-32 所示。

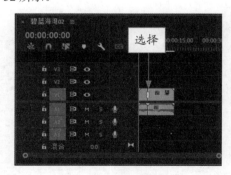

图 4-32　选择转场效果

STEP 03 执行上述操作后，打开"效果控件"面板，如图 4-33 所示。

STEP 04 在"效果控件"面板中选中"反向"复选框，如图 4-34 所示。

STEP 05 执行上述操作后，单击"节目监视器"面板中的"播放 - 停止切换"按钮▶，即可预览反向转场效果，如图 4-35 所示。

图 4-33　打开"效果控件"面板

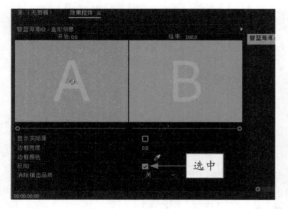

图 4-34　选中"反向"复选框

图 4-35　预览反向转场效果

4.3.4　显示来源：制作流岚虹霓视频效果

在 Premiere Pro 2023 中，系统默认的转场效果并不会显示原始素材，用户可以通过在"效果控件"

面板中进行设置来显示素材来源。下面介绍显示素材实际来源的操作方法。

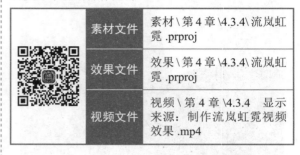

素材文件	素材 \ 第 4 章 \4.3.4\ 流岚虹霓 .prproj	
效果文件	效果 \ 第 4 章 \4.3.4\ 流岚虹霓 .prproj	
视频文件	视频 \ 第 4 章 \4.3.4　显示来源：制作流岚虹霓视频效果 .mp4	

【操练＋视频】
——显示来源：制作流岚虹霓视频效果

STEP 01 在 Premiere Pro 2023 工作界面中，选择"文件"|"打开项目"命令，打开项目文件，效果如图 4-36 所示。

图 4-36　打开的项目文件效果

STEP 02 在"时间轴"面板的 V1 轨道中选择转场效果，打开"效果控件"面板，如图 4-37 所示。

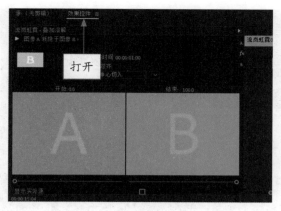

图 4-37　打开"效果控件"面板

图 4-38　选中"显示实际源"复选框

STEP 03 在其中选中"显示实际源"复选框，如图 4-38 所示。执行上述操作后，即可显示实际来源，查看到转场的开始点与结束点。

▶ **专家指点**

　　在"效果控件"面板中选中"显示实际源"复选框后，两个预览区中显示的分别是视频轨道上第 1 段素材转场的开始帧和第 2 段素材的结束帧。

4.4　应用转场特效

　　视频影片是由多个镜头连接组建起来的，用户可以在两个镜头之间添加过渡效果，使整个画面看起来更有层次感。

4.4.1　叠加溶解：制作山清水秀视频效果

　　"叠加溶解"转场效果是将第一个镜头的画面溶解消失，第二个镜头的画面同时出现的转场效果。下面介绍添加"叠加溶解"转场效果的操作方法。

素材文件	素材 \ 第 4 章 \4.4.1\ 山清水秀 .prproj
效果文件	效果 \ 第 4 章 \4.4.1\ 山清水秀 .prproj
视频文件	视频 \ 第 4 章 \4.4.1　叠加溶解：制作山清水秀视频效果 .mp4

【操练 + 视频】——叠加溶解：制作山清水秀视频效果

STEP 01 选择"文件"|"打开项目"命令，打开项目文件，如图 4-39 所示。

STEP 02 在"节目监视器"面板中可以查看素材画面，如图 4-40 所示。

STEP 03 在"效果"面板中，❶展开"视频过渡"|"溶解"选项；❷选择"叠加溶解"视频过渡效果，如图 4-41 所示。

STEP 04 将"叠加溶解"视频过渡效果添加到"时间轴"面板中相应的两个素材文件之间，如图 4-42 所示。

STEP 05 在"时间轴"面板中选择"叠加溶解"视频过渡效果，然后切换至"效果控件"面板，将鼠标指针移至效果图标 _fx_ 右侧的视频过渡效果上，当鼠标指针呈红色拉伸形状 时，按住鼠标左键向右拖动，如图 4-43 所示，即可调整视频过渡效果的播放时间。

图 4-39　打开项目文件

图 4-40　查看素材画面

图 4-41　选择"叠加溶解"视频过渡效果

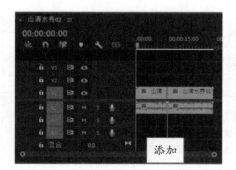

图 4-42　添加视频过渡效果

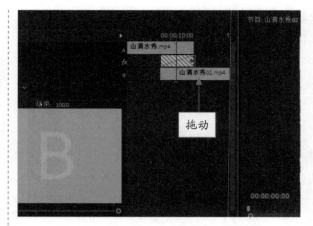

图 4-43　调整视频过渡效果的播放时间

STEP 06 执行上述操作后，即可查看"叠加溶解"转场效果，如图 4-44 所示。

图 4-44　查看"叠加溶解"转场效果

▶ **专家指点**

在"时间轴"面板中也可以对视频过渡效果进行简单的设置，将鼠标指针移至视频过渡效果图标上，当鼠标指针呈白色三角形状时，按住鼠标左键拖动，可以调整视频过渡效果的切入位置；将鼠标指针移至视频过渡效果图标的一侧，当鼠标指针呈红色拉伸形状时，按住鼠标左键拖动，可以调整视频过渡效果的播放时间。

STEP 07 在"节目监视器"面板中单击"播放 - 停止切换"按钮▶，预览视频效果，如图 4-45 所示。

图 4-45　预览视频效果

4.4.2　渐变擦除：制作夕阳西下视频效果

"渐变擦除"转场效果是将第二个镜头的画面以渐变的方式逐渐取代第一个镜头的转场效果。下面介绍添加"渐变擦除"转场效果的操作方法。

素材文件	素材 \ 第 4 章 \4.4.2\夕阳西下 .prproj
效果文件	效果 \ 第 4 章 \4.4.2\夕阳西下 .prproj
视频文件	视频 \ 第 4 章 \4.4.2　渐变擦除：制作夕阳西下视频效果 .mp4

【操练 + 视频】
——渐变擦除：制作夕阳西下视频效果

STEP 01）选择"文件"|"打开项目"命令，打开项目文件，如图 4-46 所示。

STEP 02）打开项目文件后，在"节目监视器"面板中单击"播放 - 停止切换"按钮▶，可以查看素材画面，如图 4-47 所示。

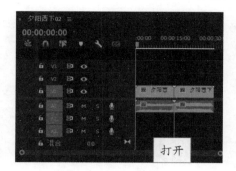

图 4-46　打开项目文件

图 4-47　查看素材画面

STEP 03）在"效果"面板中，❶展开"视频过渡"|"过时"选项；❷选择"渐变擦除"视频过渡，如图 4-48 所示。

图 4-48　选择"渐变擦除"视频过渡

STEP 04）将"渐变擦除"视频过渡拖曳到"时间轴"面板中相应的两个素材文件之间，如图 4-49 所示。

STEP 05）释放鼠标，弹出"渐变擦除设置"对话框，设置"柔和度"为 0，如图 4-50 所示。

STEP 06）单击"确定"按钮，即可设置"渐变擦除"转场，效果如图 4-51 所示。

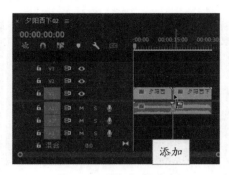

图 4-49　添加视频过渡

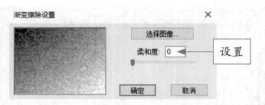

图 4-50　设置"柔和度"参数

图 4-51　设置"渐变擦除"转场后的效果

STEP 07　单击"播放 - 停止切换"按钮 ▶，预览视频效果，如图 4-52 所示。

图 4-52　预览视频效果

图 4-52　预览视频效果（续）

4.4.3　翻页特效：制作云卷云舒视频效果

　　"翻页"转场效果主要是将第一幅图像以翻页的形式从一角卷起，最终将第二幅图像显示出来。下面介绍添加"翻页"转场效果的操作方法。

	素材文件	素材 \ 第 4 章 \4.4.3\ 云卷云舒 .prproj
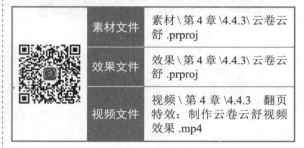	效果文件	效果 \ 第 4 章 \4.4.3\ 云卷云舒 .prproj
	视频文件	视频 \ 第 4 章 \4.4.3　翻页特效：制作云卷云舒视频效果 .mp4

【操练 + 视频】
——翻页特效：制作云卷云舒视频效果

STEP 01　按 Ctrl + O 组合键，打开项目文件，如图 4-53 所示。

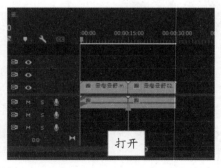

图 4-53　打开项目文件

STEP 02　打开项目文件后，在"节目监视器"面板中可以查看素材画面，如图 4-54 所示。

图 4-54 查看素材画面

STEP 03 在"效果"面板中，❶展开"视频过渡"|"页面剥落"选项；❷选择"翻页"转场效果，如图 4-55 所示。

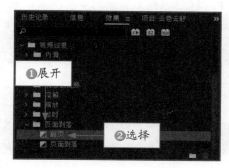

图 4-55 选择"翻页"转场效果

STEP 04 将"翻页"视频过渡拖曳到"时间轴"面板中相应的两个素材文件之间，如图 4-56 所示。

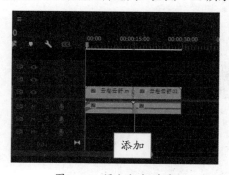

图 4-56 添加视频过渡

▶ 专家指点

用户在"效果"面板的"页面剥落"选项下选择"翻页"转场效果后，可以单击鼠标右键，在弹出的快捷菜单中选择"设置所选择为默认过渡"命令，即可将"翻页"转场效果设置为默认转场。

STEP 05 执行上述操作后，即可添加"翻页"转场效果，在"节目监视器"面板中单击"播放 - 停止切换"按钮▶，预览添加转场后的视频效果，如图 4-57 所示。

图 4-57 预览视频效果

第5章

影视滤镜：制作炫酷的视频特效

章前知识导读

随着数字时代的发展，添加影视效果这一复杂的工作已经得到了简化。在 Premiere Pro 2023 强大的视频效果制作功能的帮助下，可以对视频、图像以及音频等多种素材进行处理和加工。本章将讲解 Premiere Pro 2023 系统中提供的多种视频效果的添加与制作方法。

新手重点索引

- 编辑视频效果
- 应用常用特效

效果图片欣赏

5.1　编辑视频效果

Premiere Pro 2023 根据视频效果的作用，将提供的 130 多种视频效果分为"Obsolete""变换""图像控制""实用程序""扭曲""时间""杂色与颗粒""模糊与锐化""沉浸式视频""生成""视频""调整""过时""过渡""透视""通道""键控""颜色校正"以及"风格化"等 20 个文件夹，放置在"效果"面板的"视频效果"文件夹中，如图 5-1 所示。为了更好地应用这些绚丽的效果，用户首先需要掌握添加视频效果的基本操作方法。

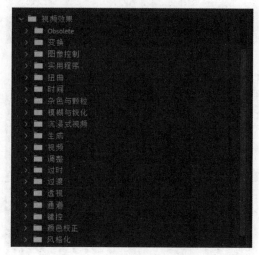

图 5-1　"视频效果"文件夹

5.1.1　单个特效：添加单个视频效果

对于已添加视频效果的素材，"不透明度"按钮都会变成紫色，以便于用户区分素材是否添加了视频效果。单击"不透明度"按钮，即可在弹出的下拉列表框中查看添加的视频效果，如图 5-2 所示。

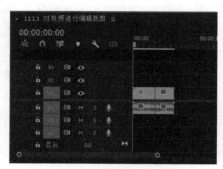

图 5-2　查看添加的视频效果

在 Premiere Pro 2023 中，添加到"时间轴"面板的每个视频都会预先应用或内置固定效果。固定效果可控制剪辑的固有属性，用户可以在"效果控件"面板中调整所有的固定效果属性来激活它们。固定效果包括以下内容。

- 运动：包括多种属性，用于旋转和缩放视频，调整视频的防闪烁属性，或将这些视频与其他视频进行合成。
- 不透明度：允许降低视频的不透明度，用于实现叠加、淡化和溶解之类的效果。
- 时间重映射：允许针对视频的任何部分减速、加速、倒放或者将帧冻结。
- 音量：控制视频中的音频音量。

为素材添加视频效果之后，用户还可以在"效果控件"面板中展开相应的效果选项，为添加的效果设置参数，如图 5-3 所示。

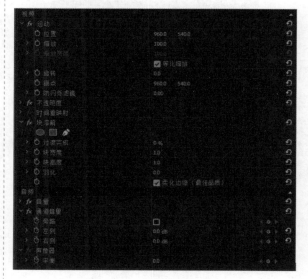

图 5-3　设置视频效果参数

Premiere Pro 2023 在应用于视频的所有标准效果之后渲染固定效果，标准效果会按照从上往下出现的顺序进行渲染，可以在"效果控件"面板中将标准效果拖到新的位置来更改它们的顺序，但是不能重新排列固定效果的顺序。这些操作可能会影响视频效果的最终效果。

5.1.2　多个效果：添加多个视频效果

　　在 Premiere Pro 2023 中，将素材拖入"时间轴"面板后，用户可以将"效果"面板中的视频效果依次拖曳至"时间轴"面板的素材中，实现多个视频效果的添加。下面介绍添加多个视频效果的操作方法。

　　选择"窗口"|"效果"命令，打开"效果"面板，如图 5-4 所示。展开"视频效果"文件夹，为素材添加"扭曲"子文件夹中的"放大"视频效果，如图 5-5 所示。

图 5-4　打开"效果"面板

图 5-5　选择"放大"视频效果

　　当用户完成单个视频效果的添加后，可以在"效果控件"面板中查看已添加的视频效果，如图 5-6 所示。接下来，用户可以继续拖曳其他视频效果来完成多个视频效果的添加，执行操作后，"效果控件"

面板中即可显示添加的其他视频效果，如图 5-7 所示。

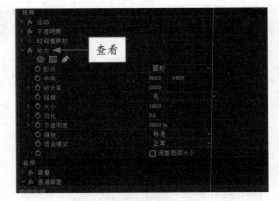

图 5-6　查看单个视频效果

图 5-7　查看多个视频效果

5.1.3　复制特效：制作高楼林立视频效果

　　使用"复制"功能可以对视频效果进行复制操作。用户在执行复制操作时，可以在"时间轴"面板中选择已添加视频效果的源素材，并在"效果控件"面板中选择视频效果，单击鼠标右键，在弹出的快捷菜单中选择"复制"命令即可。下面介绍复制视频效果的操作方法。

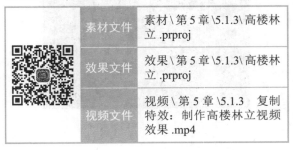

素材文件	素材\第 5 章\5.1.3\高楼林立 .prproj
效果文件	效果\第 5 章\5.1.3\高楼林立 .prproj
视频文件	视频\第 5 章\5.1.3　复制特效：制作高楼林立视频效果 .mp4

【操练 + 视频】
——复制特效：制作高楼林立视频效果

STEP 01 在 Premiere Pro 2023 工作界面中，按 Ctrl +
O 组合键，打开项目文件，如图 5-8 所示。

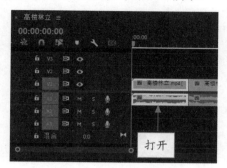

图 5-8　打开项目文件

STEP 02 打开项目文件后，在"节目监视器"面板
中可以查看素材画面，如图 5-9 所示。

图 5-9　查看素材画面

STEP 03 在"效果"面板中，❶展开"视频效果"|"调
整"选项；❷选择 ProcAmp（基本信号控制）视频
效果，如图 5-10 所示。

图 5-10　选择 ProcAmp 视频效果

STEP 04 将 ProcAmp 视频效果拖曳至"时间轴"
面板中的"高楼林立"素材上，切换至"效果控

件"面板，❶设置"亮度"为 1.0，"对比度"为
108.0，"饱和度"为 155.0；❷在 ProcAmp 选项上
单击鼠标右键，在弹出的快捷菜单中选择"复制"
命令，如图 5-11 所示。

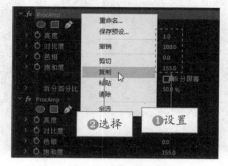

图 5-11　选择"复制"命令

STEP 05 在"时间轴"面板中，选择第二个"高楼
林立"素材文件，如图 5-12 所示。

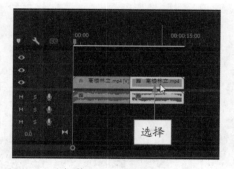

图 5-12　选择第二个"高楼林立"素材文件

STEP 06 在"效果控件"面板的空白位置处单击鼠
标右键，在弹出的快捷菜单中选择"粘贴"命令，
如图 5-13 所示。

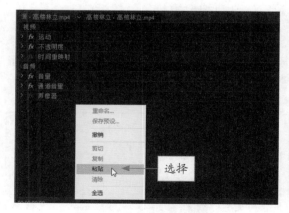

图 5-13　选择"粘贴"命令

Premiere Pro 2023 全面精通
视频剪辑＋颜色调整＋转场特效＋字幕制作＋案例实战

STEP 07 执行上述操作后，即可将复制的视频效果
粘贴到第二个"高楼林立"素材中，如图 5-14 所示。

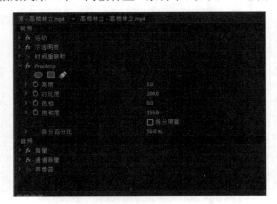

图 5-14　粘贴视频效果

STEP 08 单击"播放 - 停止切换"按钮▶，预览视
频效果，如图 5-15 所示。

图 5-15　预览视频效果

5.1.4　删除特效：制作公园一角
　　　　视频效果

　　用户在进行视频效果添加的过程中，如果对添
加的视频效果不满意，则可以通过"清除"命令来
删除效果。下面介绍通过"清除"命令删除效果的
操作方法。

素材文件	素材\第 5 章\5.1.4\公园一角 .prproj
效果文件	效果\第 5 章\5.1.4\公园一角 .prproj
视频文件	视频\第 5 章\5.1.4　删除特效：制作公园一角视频效果 .mp4

【操练 + 视频】
——删除特效：制作公园一角视频效果

STEP 01 在 Premiere Pro 2023 工作界面中，按 Ctrl ＋
O 组合键，打开项目文件，如图 5-16 所示。

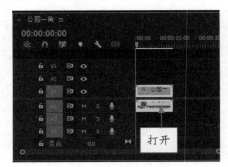

图 5-16　打开项目文件

STEP 02 打开项目文件后，在"节目监视器"面板
中可以查看素材画面，如图 5-17 所示。

图 5-17　查看素材画面

STEP 03 切换至"效果控件"面板，在"波形变形"
选项上单击鼠标右键，在弹出的快捷菜单中选择"清
除"命令，如图 5-18 所示。

图 5-18　选择"清除"命令

STEP 04 执行上述操作后，即可清除"波形变形"视频效果。选择"色彩"选项，如图 5-19 所示。

图 5-19　选择"色彩"选项

STEP 05 在"色彩"选项上单击鼠标右键，在弹出的快捷菜单中选择"清除"命令，如图 5-20 所示。

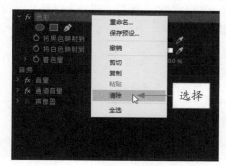

图 5-20　选择"清除"命令

STEP 06 执行操作后，即可清除"色彩"视频效果，如图 5-21 所示。

图 5-21　清除"色彩"视频效果

STEP 07 单击"播放 - 停止切换"按钮 ▶，预览视频效果，如图 5-22 所示。

图 5-22　删除视频效果的前后对比效果

5.1.5　关闭特效：隐藏已添加的视频特效

关闭视频效果是指将已添加的视频效果暂时隐藏，如果需要再次显示该效果，用户可以重新启用，而无须再次添加。

在 Premiere Pro 2023 中，用户可以单击"效果控件"面板中的"切换效果开关"按钮 fx，如图 5-23 所示，即可隐藏该素材的视频效果。当用户再次单击"切换效果开关"按钮 fx 时，即可重新显示视频效果，如图 5-24 所示。

图 5-23　单击"切换效果开关"按钮　　　　图 5-24　再次单击"切换效果开关"按钮

5.2　应用常用特效

　　系统根据视频效果的作用，将视频效果分为"变换""视频控制""实用""扭曲"以及"时间"等多种类别。本节将为读者介绍几种常用的视频效果的添加方法。

5.2.1　添加键控：制作滚滚长江视频效果

　　"键控"视频效果主要针对视频图像的特定键进行处理，下面介绍"颜色键"视频效果的添加方法。

素材文件	素材 \ 第 5 章 \5.2.1\ 滚滚长江 .prproj
效果文件	效果 \ 第 5 章 \5.2.1\ 滚滚长江 .prproj
视频文件	视频 \ 第 5 章 \5.2.1　添加键控：制作滚滚长江视频效果 .mp4

【操练＋视频】——添加键控：制作滚滚长江视频效果

STEP 01 在 Premiere Pro 2023 工作界面中，按 Ctrl ＋ O 组合键，打开项目文件，如图 5-25 所示。

STEP 02 打开项目文件后，在"节目监视器"面板中可以查看素材画面，如图 5-26 所示。

图 5-25　打开项目文件

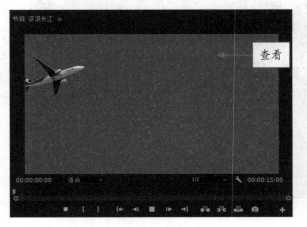

图 5-26　查看素材画面

STEP 03 在"效果"面板中，❶展开"视频效果"|"键控"选项；❷选择"颜色键"视频效果，如图 5-27所示。

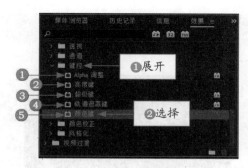

图 5-27　选择"颜色键"视频效果

▶ 专家指点

　　在"键控"文件夹中，用户还可以设置以下选项。

　　❶ Alpha 调整：当需要更改固定效果的默认渲染顺序时，可使用"Alpha 调整"效果代替不透明度效果。更改不透明度百分比可创建透明度级别。

　　❷ 亮度键："亮度键"效果可以抠出图层中指定亮度的所有区域。

　　❸ 超级键：可以将图像中的任意单一颜色变为透明，常用于绿幕抠图效果。

　　❹ 轨道遮罩键：使用轨道遮罩键可以移动或更改透明区域。轨道遮罩键通过一个剪辑（叠加的剪辑）显示另一个剪辑（背景剪辑），此过程中使用第三个文件作为遮罩，在叠加的剪辑中创建透明区域。此效果需要两个剪辑和一个遮罩，每个剪辑位于自身的轨道上。遮罩中的白色区域在叠加的剪辑中是不透明的，以防止底层剪辑显示出来。遮罩中的黑色区域是透明的，而灰色区域是部分透明的。

　　❺ 颜色键：颜色键效果抠出所有类似于指定的主要颜色的视频像素。此效果仅可修改剪辑的 Alpha 通道。

STEP 04　将"颜色键"特效拖曳至"时间轴"面板中 V2 轨道的"天空"素材文件上，如图 5-28 所示。

图 5-28　拖曳"颜色键"视频效果

STEP 05　在"效果控件"面板中，展开"颜色键"选项，设置"主要颜色"为蓝色，"颜色容差"为 140，如图 5-29 所示。

图 5-29　设置"颜色键"参数

STEP 06　执行操作后，即可运用"键控"特效编辑素材，预览视频效果，如图 5-30 所示。

图 5-30　预览视频效果

STEP 07　单击"播放 - 停止切换"按钮，预览视频效果，如图 5-31 所示。

图 5-31　预览最终的视频效果

5.2.2 垂直翻转：制作夕阳渐逝视频效果

"垂直翻转"视频效果是将视频上下垂直反转。下面将介绍添加"垂直翻转"效果的操作方法。

素材文件	素材 \ 第 5 章 \5.2.2\ 夕阳渐逝 .prproj
效果文件	效果 \ 第 5 章 \5.2.2\ 夕阳渐逝 .prproj
视频文件	视频 \ 第 5 章 \5.2.2　垂直翻转：制作夕阳渐逝视频效果 .mp4

【操练＋视频】
——垂直翻转：制作夕阳渐逝视频效果

STEP 01) 在 Premiere Pro 2023 工作界面中，按 Ctrl ＋ O 组合键，打开项目文件，如图 5-32 所示。

图 5-32　打开项目文件

STEP 02) 打开项目文件后，在"节目监视器"面板中可以查看素材画面，如图 5-33 所示。

图 5-33　查看素材画面

STEP 03) 在"效果"面板中，❶展开"视频效果"|"变换"选项；❷选择"垂直翻转"视频效果，如图 5-34 所示。

图 5-34　选择"垂直翻转"视频效果

STEP 04) 将"垂直翻转"特效拖曳至"时间轴"面板中的"夕阳渐逝"素材文件上，如图 5-35 所示。

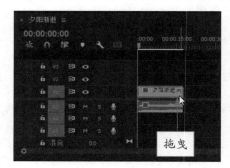

图 5-35　拖曳"垂直翻转"效果

STEP 05) 单击"播放 - 停止切换"按钮▶，预览视频效果，如图 5-36 所示。

图 5-36　预览视频效果

图 5-36　预览视频效果（续）

5.2.3　水平翻转：制作独立林间视频效果

"水平翻转"视频效果是将视频中的每一帧从左向右翻转。下面将介绍添加"水平翻转"效果的操作方法。

素材文件	素材 \ 第 5 章 \5.2.3\ 独立林间 .prproj
效果文件	效果 \ 第 5 章 \5.2.3\ 独立林间 .prproj
视频文件	视频 \ 第 5 章 \5.2.3　水平翻转：制作独立林间视频效果 .mp4

【操练 + 视频】
——水平翻转：制作独立林间视频效果

STEP 01 在 Premiere Pro 2023 工作界面中，按 Ctrl ＋ O 组合键，打开项目文件，如图 5-37 所示。

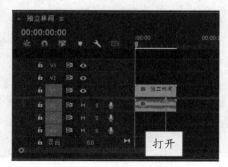

图 5-37　打开项目文件

STEP 02 打开项目文件后，在"节目监视器"面板中可以查看素材画面，如图 5-38 所示。

图 5-38　查看素材画面

STEP 03 在"效果"面板中，❶展开"视频效果"|"变换"选项；❷选择"水平翻转"视频效果，如图 5-39 所示。

图 5-39　选择"水平翻转"视频效果

STEP 04 将"水平翻转"特效拖曳至"时间轴"面板中的"独立林间"素材文件上，如图 5-40 所示。

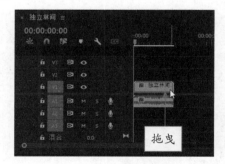

图 5-40　拖曳"水平翻转"效果

▶ **专家指点**

在 Premiere Pro 2023 中，"变换"文件夹中的视频效果主要是使素材的形状产生二维或者三维的变化，其效果包括"垂直翻转""水平翻转""羽化边缘""自动重构"以及"裁剪"5 种视频效果。

STEP 05 单击"播放-停止切换"按钮▶，预览视频效果，如图 5-41 所示。

图 5-41　预览视频效果

5.2.4　高斯模糊：制作一碧万顷视频效果

　　"高斯模糊"视频效果是通过修改画面中明暗分界点的差值，以产生模糊效果。下面介绍添加"高斯模糊"视频效果的操作方法。

	素材文件	素材\第 5 章\5.2.4\一碧万顷.prproj
	效果文件	效果\第 5 章\5.2.4\一碧万顷.prproj
	视频文件	视频\第 5 章\5.2.4　高斯模糊：制作一碧万顷视频效果.mp4

【操练＋视频】
——高斯模糊：制作一碧万顷视频效果

STEP 01 在 Premiere Pro 2023 工作界面中，按 Ctrl＋O 组合键，打开项目文件，效果如图 5-42 所示。

图 5-42　打开的项目文件效果

STEP 02 在"效果"面板中，展开"视频效果"|"模糊与锐化"选项，选择"高斯模糊"视频效果，如图 5-43 所示，并将其拖曳至 V1 轨道素材上。

图 5-43　选择"高斯模糊"视频效果

STEP 03 切换至"效果控件"面板，设置"模糊度"为 50.0，如图 5-44 所示。

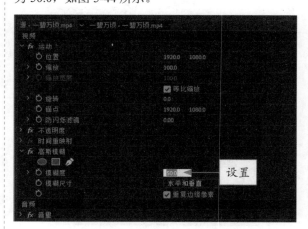

图 5-44　设置"模糊度"参数

STEP 04 执行操作后，即可添加"高斯模糊"视频效果，效果如图 5-45 所示。

图 5-45　添加"高斯模糊"视频效果后的效果

5.2.5　蒙尘与划痕：制作长空万里视频效果

"蒙尘与划痕"效果用于产生一种朦胧的模糊效果。下面将介绍添加"蒙尘与划痕"视频效果的操作方法。

素材文件	素材 \ 第 5 章 \5.2.5\ 长空万里 .prproj
效果文件	效果 \ 第 5 章 \5.2.5\ 长空万里 .prproj
视频文件	视频 \ 第 5 章 \5.2.5　蒙尘与划痕：制作长空万里视频效果 .mp4

【操练 + 视频】
——蒙尘与划痕：制作长空万里视频效果

STEP 01 在 Premiere Pro 2023 工作界面中，按 Ctrl + O 组合键，打开项目文件，效果如图 5-46 所示。

图 5-46　打开的项目文件效果

STEP 02 在"效果"面板中，展开"视频效果"|"过时"选项，选择"蒙尘与划痕"视频效果，如图 5-47 所示，并将其拖曳至 V1 轨道的素材上。

图 5-47　选择"蒙尘与划痕"视频效果

STEP 03 切换至"效果控件"面板，设置"半径"为 5，如图 5-48 所示。

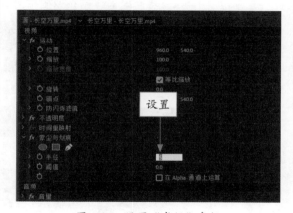

图 5-48　设置"半径"参数

STEP 04 执行操作后，即可添加"蒙尘与划痕"效果，预览视频效果，如图 5-49 所示。

图 5-49　预览视频效果

第6章

创建文本：制作精彩的图文字幕

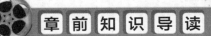

章前知识导读

　　字幕是影视作品中不可缺少的重要组成部分，漂亮的字幕设计可以使影片更具有吸引力和感染力。Premiere Pro 2023 高质量的字幕编辑功能，让用户使用起来更加得心应手。本章将向读者详细介绍制作图文字幕的操作方法。

新手重点索引

🎬 了解字幕　　　　　　　　🎬 了解"编辑"选项卡

🎬 了解字幕运动特效　　　　🎬 创建遮罩动画

效果图片欣赏

6.1　了解字幕

　　字幕是以各种字体、样式和动画等形式出现在画面中的文字总称。在现代影片中，字幕的应用越来越频繁，精美的字幕不仅可以起到为影片增色的作用，还能够很好地向观众传递影片信息或制作理念。Premiere Pro 2023 提供了更加便捷的字幕编辑功能，使用户可以在短时间内制作出专业的字幕。

6.1.1　认识字幕

　　字幕可以以各种字体、样式和动画等形式出现在影视画面中，例如电视或电影的片头、演员表、对白以及片尾字幕等，字幕设计与书写是影视造型的艺术手段之一。在通过实例学习创建字幕之前，首先了解一下字幕的相关知识。

　　在 Premiere Pro 2023 中，字幕被称为"文本"，并分为两种形式："字幕"文本和"图形"文本。这两种文本形式的主要差异体现在两者的侧重点不同。在"字幕"文本形式下创建字幕以及编辑字幕更加简单快捷，适合用于需要添加大量相同格式字幕的情况，例如影视剧、动画等视频的底端字幕，如图 6-1 所示。而"图形"文本形式的字幕则具备多样化的功能，可以给文字添加众多视频效果，进行各类特效处理，如图 6-2 所示。

图 6-1　"字幕"文本效果

图 6-2　"图形"文本效果

6.1.2 认识"基本图形"面板

在 Premiere Pro 2023 的"基本图形"面板中，用户可以设置文本的字体、字体粗细与大小、字体位置、字距、行距、对齐方式、填充、描边、背景以及阴影等属性。"字幕"文本和"图形"文本的效果不同，"编辑"选项卡也存在差异，熟悉这些设置，可以使用户快速制作出不同形式的字幕，并达到事半功倍的效果。"字幕"文本的"基本图形"面板，如图 6-3 所示。

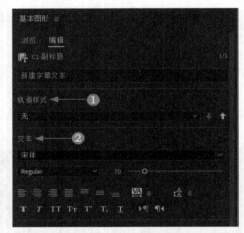

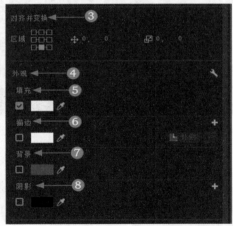

图 6-3 "基本图形"面板

❶ 轨道样式：用于设置字幕轨道的样式，不同轨道样式下"外观"面板有不同的设定。

❷ 文本：用于设置文本的字体、粗细、字号以及字符效果等。

❸ 对齐并变换：用于调整当前文本的位置，单击"区域"右侧的方格可以快速调整文本位置。

❹ 外观：用于设置文本的外观，以"副标题"轨道样式为例，可以设置"填充""描边""背景""阴影"四项属性。

❺ 填充：用于设置文本的填充颜色，单击颜色色块即可设置文本的颜色；单击右侧的"吸管工具" 即可吸取相应颜色，并将其设置为文本颜色。

❻ 描边：用于为文本添加并设置描边效果。

❼ 背景：用于为文本添加并设置背景颜色。

❽ 阴影：用于为文本添加并设置阴影效果。

6.1.3 字幕文本：制作斑驳树影 视频效果

字幕文本是一种功能简洁、操作方便的常用文本类型，用户可以在"文本"面板中快速创建和编辑。下面介绍添加字幕文本的操作方法。

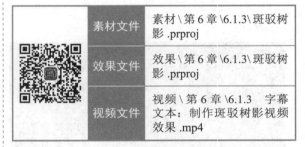

	素材文件	素材 \ 第 6 章 \6.1.3\ 斑驳树影 .prproj
	效果文件	效果 \ 第 6 章 \6.1.3\ 斑驳树影 .prproj
	视频文件	视频 \ 第 6 章 \6.1.3 字幕文本：制作斑驳树影视频效果 .mp4

【操练＋视频】
——字幕文本：制作斑驳树影视频效果

STEP 01 按 Ctrl ＋ O 组合键，打开项目文件，如图 6-4 所示。

图 6-4 打开项目文件

STEP 02 在"文本"面板中，❶切换至"字幕"选项卡；❷单击"创建新字幕轨"按钮，如图 6-5 所示。

图 6-5 单击"创建新字幕轨"按钮

STEP 03 弹出"新字幕轨道"对话框，❶设置"格式"为"副标题"；❷单击"确定"按钮，如图 6-6 所示，即可创建字幕轨道。

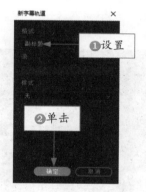

图 6-6 创建新字幕轨道

STEP 04 在"字幕"选项卡中，❶单击 ■■ 按钮；❷在弹出的下拉列表中选择"添加新字幕分段"选项，如图 6-7 所示，即可添加新的字幕分段素材。

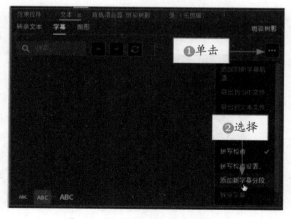

图 6-7 添加新的字幕分段素材

STEP 05 在"字幕"选项卡中，双击文本即可输入相应文字，如图 6-8 所示。

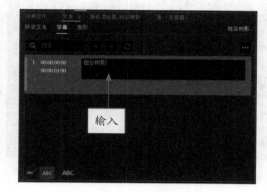

图 6-8 输入相应文字

STEP 06 在"编辑"选项卡中，设置"字体"为"宋体"，"字体大小"为 60，"区域"为中下，如图 6-9 所示。

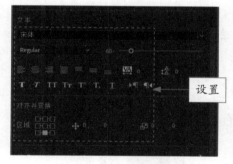

图 6-9 设置相应参数

STEP 07 在"时间轴"面板中，拖曳 C1 轨道中的文本素材，如图 6-10 所示，即可调整素材的持续时间。

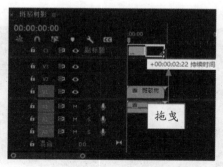

图 6-10 调整文本素材的持续时间

STEP 08 在"节目监视器"面板中，单击"播放 - 停止切换"按钮▶，可以预览画面效果，如图 6-11 所示。

图 6-11　预览画面效果

6.1.4　水平字幕：制作城市夜雪视频效果

　　水平字幕是指沿水平方向进行分布的字幕类型，用户可以使用字幕工具中的"文字工具"进行创建。下面介绍创建水平字幕的操作方法。

素材文件	素材 \ 第 6 章 \6.1.4\ 城市夜雪 .prproj
效果文件	效果 \ 第 6 章 \6.1.4\ 城市夜雪 .prproj
视频文件	视频 \ 第 6 章 \6.1.4　水平字幕：制作城市夜雪视频效果 .mp4

【操练＋视频】
——水平字幕：制作城市夜雪视频效果

STEP 01 按 Ctrl ＋ O 组合键，打开项目文件，效果如图 6-12 所示。

图 6-12　打开的项目文件效果

STEP 02 选取"文字工具" **T**，在"节目监视器"面板中单击，如图 6-13 所示，即可创建一个图形文本框。

图 6-13　创建图形文本框

STEP 03 在文本框中输入文字"城市夜雪"，如图 6-14 所示。

图 6-14　输入相应文字

STEP 04 在"基本图形"面板中，设置"字体"为"隶书"，"字号"为 160，如图 6-15 所示。

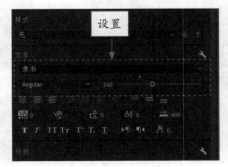

图 6-15　设置相应参数

STEP 05 在"时间轴"面板中，拖曳 V2 轨道中的文本素材，如图 6-16 所示，即可调整素材的持续时间。

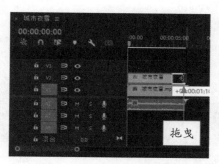

图 6-16　调整文本素材的持续时间

STEP 06 在"节目监视器"面板中，单击"播放 - 停止切换"按钮 ▶，可以预览画面效果，如图 6-17 所示。

图 6-17　预览画面效果

6.1.5　垂直字幕：制作白驹过隙视频效果

用户在了解如何创建水平文本字幕后，创建垂直文本字幕的方法就变得十分简单了。下面将介绍创建垂直字幕的操作方法。

素材文件	素材 \ 第 6 章 \6.1.5\ 白驹过隙 .prproj
效果文件	效果 \ 第 6 章 \6.1.5\ 白驹过隙 .prproj
视频文件	视频 \ 第 6 章 \6.1.5　垂直字幕：制作白驹过隙视频效果 .mp4

【操练 + 视频】
——垂直字幕：制作白驹过隙视频效果

STEP 01 按 Ctrl ＋ O 组合键，打开项目文件，如图 6-18 所示。

图 6-18　打开的项目文件效果

STEP 02 在工具箱中，❶长按"文字工具" Ｔ；❷在弹出的下拉列表中选择"垂直文字工具"选项，如图 6-19 所示。

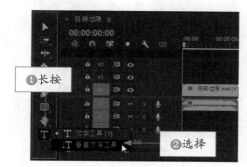

图 6-19　选择"垂直文字工具"选项

STEP 03 在"节目监视器"面板中单击，如图 6-20 所示，即可创建垂直图形文本框。

图 6-20　创建垂直图形文本框

STEP 04 在文本框中输入文字"白驹过隙"，如
图 6-21 所示。

图 6-21 输入相应文字

STEP 05 在"基本图形"面板中，设置"字体"为"楷
体"，"字号"为 120，如图 6-22 所示。

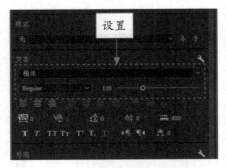

图 6-22 设置相应参数

STEP 06 在"时间轴"面板中，拖曳 V2 轨道中的
文本素材，如图 6-23 所示，即可调整素材的持续
时间。

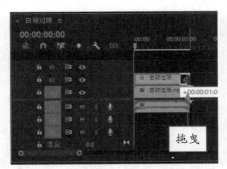

图 6-23 调整文本素材的持续时间

STEP 07 在"节目监视器"面板中，单击"播放 -
停止切换"按钮 ▶，可以预览画面效果，如图 6-24
所示。

图 6-24 预览画面效果

6.1.6 创建文本：制作空明澄澈 视频效果

在 Premiere Pro 2023 中，除了可以创建单排
标题字幕文本，还可以创建多个字幕文本，使影视
内容更加丰富。下面介绍创建多个字幕文本的操作
方法。

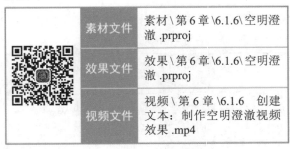

素材文件	素材 \ 第 6 章 \6.1.6\ 空明澄澈 .prproj	
效果文件	效果 \ 第 6 章 \6.1.6\ 空明澄澈 .prproj	
视频文件	视频 \ 第 6 章 \6.1.6 创建文本：制作空明澄澈视频效果 .mp4	

【操练＋视频】
——创建文本：制作空明澄澈视频效果

STEP 01 按 Ctrl ＋ O 组合键，打开项目文件，如
图 6-25 所示。

图 6-25　打开的项目文件效果

STEP 02 选取"文字工具" **T**，在"节目监视器"面板中单击，在文本框输入文字"空明澄澈"，如图 6-26 所示。

图 6-26　输入字幕文本

STEP 03 在"基本图形"面板的"文本"选项区中，设置"字体"为"楷体"，"字号"为 200，如图 6-27 所示。

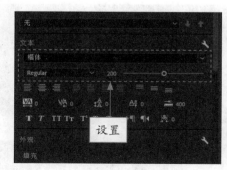

图 6-27　设置相应参数

STEP 04 在"外观"选项区中，单击"填充"颜色色块，如图 6-28 所示。

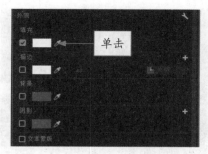

图 6-28　单击"填充"颜色色块

STEP 05 在弹出的"拾色器"对话框中，❶设置 RGB 值为（158，206，242）；❷单击"确定"按钮，如图 6-29 所示，即可设置文本填充颜色。

图 6-29　设置文本填充颜色

STEP 06 使用同样的方法，在对话框中的合适位置再次输入并设置相应文字，添加图形文本，如图 6-30 所示。

图 6-30　添加图形文本

STEP 07 在"时间轴"面板中，拖曳 V2 轨道中的文本素材，如图 6-31 所示，即可调整素材的持续时间。

图 6-31　调整文本素材的持续时间

STEP 08 在"节目监视器"面板中，单击"播放 - 停止切换"按钮▶，即可预览画面效果，如图 6-32 所示。

图 6-32　预览画面效果

6.1.7　导出字幕：制作落日余晖视频效果

为了让用户更加方便地创建字幕，系统允许用户将设置好的字幕文本导出成字幕文件，以方便用户随时调用这些字幕。下面介绍导出字幕的操作方法。

	素材文件	素材 \ 第 6 章 \6.1.7\落日余晖 .prproj
	效果文件	效果 \ 第 6 章 \6.1.7\落日余晖 .srt
	视频文件	视频 \ 第 6 章 \6.1.7　导出字幕：制作落日余晖视频效果 .mp4

【操练 + 视频】
——导出字幕：制作落日余晖视频效果

STEP 01 在 Premiere Pro 2023 工作界面中，按 Ctrl ＋ O 组合键，打开项目文件，效果如图 6-33 所示。

图 6-33　打开的项目文件效果

STEP 02 在"时间轴"面板中，选择 C1 轨道上的字幕文本素材，如图 6-34 所示。

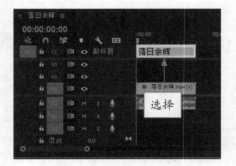

图 6-34　选择相应素材

STEP 03 在"文本"面板的"字幕"选项卡中，❶单击按钮；❷在弹出的下拉列表中选择"导出到 SRT 文件"选项，如图 6-35 所示。

图 6-35　选择"导出到 SRT 文件"选项

STEP 04）弹出"另存为"对话框，❶设置文件名和保存路径；❷单击"保存"按钮，如图 6-36 所示，即可导出字幕文件。

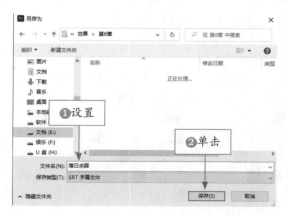

图 6-36　导出字幕文件

6.2　了解"编辑"选项卡

　　"图形"文本的"编辑"选项卡位于"基本图形"面板中，系统将其分为"对齐并变换""样式""文本"以及"外观"等选项区，下面将对各选项区进行详细介绍。

6.2.1　"对齐并变换"选项区

　　"对齐并变换"选项区主要用于设置图形文本的位置、锚点、比例、旋转以及不透明度等属性。在"基本图形"面板的"编辑"选项卡中，可以查看并编辑该选项区，如图 6-37 所示。

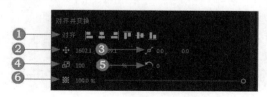

图 6-37　"对齐并变换"选项区

　　❶ 对齐：用于快速设置字幕的位置，包括"左对齐"▣、"水平居中对齐"▣、"右对齐"▣、"顶对齐"▣、"垂直居中对齐"▣、"底对齐"▣ 六个选项。

　　❷ 切换动画的位置✛：用于设置图形文本的位置。

　　❸ 切换动画的锚点▣：用于设置图形文本的锚点。

　　❹ 切换动画的比例▣：用于设置图形文本的比例。

　　❺ 切换动画的旋转▣：用于设置图形文本的旋转角度。

　　❻ 切换动画的不透明度▦：用于设置图形文本的不透明度。

6.2.2　"样式"选项区

　　"样式"选项区主要是用来选择预设好的文本样式，文本样式可以在编辑后保存添加，也可以导入现成的样式。"样式"选项区如图 6-38 所示。

图 6-38　"样式"选项区

6.2.3　"文本"选项区

　　在"文本"选项区中，可以设置文字的各类属性，调整文本的行距、间距等。在 Premiere Pro 2023 中，"文本"选项区的功能多样，如图 6-39 所示。

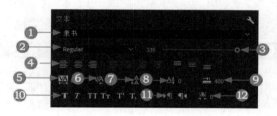

图 6-39　"文本"选项区

❶ 字体：用于设置字符的字体。

❷ 字体样式：用于设置字符字体的样式。

❸ 字体大小：用于设置字符的大小。

❹ 对齐方式：用于设置文本在文本框中的对齐方式，包括"左对齐文本" ■、"居中对齐文本" ■、"右对齐文本" ■、"最后一行左对齐" ■、"最后一行居中对齐" ■、"对齐" ■、"最后一行右对齐" ■、"顶对齐文本" ■、"居中对齐文本垂直" ■、"底对齐文本" ■十种不同的对齐方式。

❺ 字距调整 ▨：用于设置两个字符之间的间隔距离。

❻ 字偶间距 ▨：用于设置特定单词的第一个字符与该字符前的空格之间的字偶间距值，主要应用于罗马文、英文等字母文字。

❼ 行距 ▤：用于设置两行字符之间的间隔距离。

❽ 基线位移 ▨：用于设置相对于文本基线上下移动字符的距离。

❾ 制表符宽度 ▤：用于设置按 Tab 键所占的宽度。

❿ 字符样式：用于设置字符的样式，包括"仿粗体" ▤、"仿斜体" ▤、"全部大写字母" ▤、"小型大写字母" ▤、"上标" ▤、"下标" ▤、"下划线" ▤七种不同的字符样式。

⓫ 输入方向：用于设置文本的输入方向，包括"从左至右输入" ▤和"从右至左输入" ▤两种输入方式。

⓬ 比例间距 ▤：用于设置字符周围空间的宽度。

6.2.4 "外观"选项区

"外观"选项区可以设置文本外观的各项属性，该选项区的各项参数都是可选效果，用户只有在选中相应复选框后，才可以添加对应效果。此选项区可设置的属性包括"填充""描边""背景""阴影"

和"文本蒙版"五种属性，如图 6-40 所示。

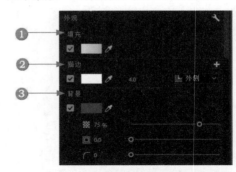
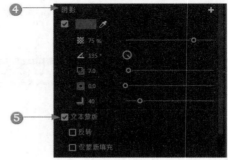

图 6-40 "外观"选项区

❶ 填充：用于设置文本的填充颜色，单击颜色色块即可设置文本的颜色；单击右侧的"吸管工具"即可吸取相应颜色，并将其设置为文本颜色；填充选项分为"实底""线性渐变"和"径向渐变"三种类型。

❷ 描边：用于设置文本描边的颜色、粗细和描边方式，颜色设置方法和填充选项类型与"填充"相同；描边方式分为"外侧""内侧""中心"三种方式。

❸ 背景：用于设置背景的颜色及各项属性，包括"不透明度""大小"和"角半径"三种属性。

❹ 阴影：用于设置阴影的颜色及各项属性，包括"不透明度""角度""距离""大小"和"模糊"五种属性。

❺ 文本蒙版：用于设置文本蒙版效果，包含"反转"和"仅蒙版填充"两个复选框。

▶ **专家指点**

单击"描边"和"阴影"选项区右侧的加号按钮 ➕，可以为文本添加多层"描边"和"阴影"效果，调整每个效果的颜色和参数，即可让文本的"描边"和"阴影"效果富有层次感。

此处额外添加的"描边"和"阴影"效果并非是在上一个效果的基础上继续拓展，而是从原文本的边缘拓展。如果想让额外添加的效果在原效果的基础上继续向外显示，需要将"描边宽度"和"大小"的参数设置成大于原效果的参数。

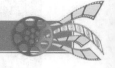

6.3 　了解字幕运动特效

　　字幕是影片的重要组成部分，它不仅可以传达画面以外的信息，还可以有效地帮助观众理解影片。在 Premiere Pro 2023 中，"图形"文本和"字幕"文本关键的区别就是运动特效的添加。"字幕"文本无法添加运动效果和其他视频特效，制作动态字幕需要使用"图形"文本进行制作。本节将介绍如何在 Premiere Pro 2023 中创建动态字幕。

6.3.1 　"效果控件"面板

　　Premiere Pro 2023 的运动效果可以在"效果控件"面板中设置。当用户将素材拖入轨道后，可以切换到"效果控件"面板，查看"运动"选项，如图 6-41 所示。为了使文字在画面中运动，用户必须为字幕添加关键帧，通过设置关键帧可以得到对应的运动效果。

　　用户在制作动态字幕时，可以通过设置位置、缩放、旋转以及不透明度等选项的参数添加不同效果的关键帧，添加完成后即可制作出更具动态、生动有趣的字幕效果。

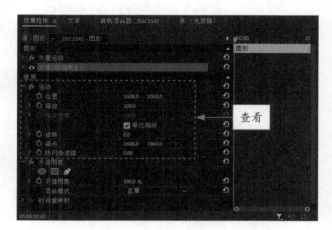

图 6-41　查看"运动"选项

6.3.2 　字幕运动原理

　　字幕的运动是基于关键帧动画实现的，为对象创建的关键帧越多，所产生的运动变化越复杂。在 Premiere Pro 2023 中，在不同的时间点创建关键帧来引导目标运动、缩放以及旋转等，即可实现字幕运动的效果，如图 6-42 所示。

图 6-42　字幕运动效果

图 6-42　字幕运动效果（续）

6.4　创建遮罩动画

随着动态视频的发展，动态字幕的应用也越来越频繁。这些精美的字幕特效不仅能够点明影视视频的主题，让影片更加生动，具有感染力，还能够为观众传递一种艺术信息。在 Premiere Pro 2023 中，通过蒙版按钮可以创建字幕的遮罩动画效果。本节主要介绍字幕遮罩动画的制作方法。

6.4.1　椭圆形蒙版：制作天空之镜视频效果

在 Premiere Pro 2023 中，单击"创建椭圆形蒙版"按钮，可以为字幕创建椭圆形遮罩动画效果。下面介绍具体的操作方法。

素材文件	素材 \ 第 6 章 \6.4.1\ 天空之镜 .prproj
效果文件	效果 \ 第 6 章 \6.4.1\ 天空之镜 .prproj
视频文件	视频 \ 第 6 章 \6.4.1　椭圆形蒙版：制作天空之镜视频效果 .mp4

【操练 + 视频】——椭圆形蒙版：制作天空之镜视频效果

STEP 01 按 Ctrl + O 组合键，打开项目文件，如图 6-43 所示。

STEP 02 打开项目文件后，在"节目监视器"面板中可以查看素材画面，如图 6-44 所示。

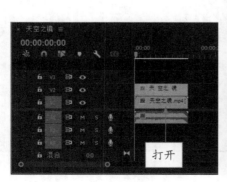

图 6-43　打开项目文件　　　　　　　图 6-44　查看素材画面

STEP 03 在"时间轴"面板中，选择 V2 轨道上的字幕文件，如图 6-45 所示。

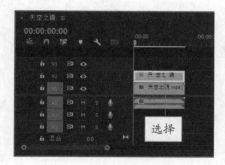

图 6-45　选择字幕文件

STEP 04 在"效果控件"面板中，❶展开"不透明度"选项；❷单击"创建椭圆形蒙版"按钮◯，如图 6-46 所示。

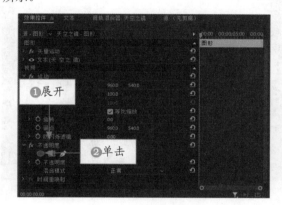

图 6-46　单击"创建椭圆形蒙版"按钮

STEP 05 执行上述操作后，在"节目监视器"面板中的画面上会显示一个椭圆形蒙版，如图 6-47 所示。

图 6-47　显示椭圆形蒙版

STEP 06 在"节目监视器"面板中，按住鼠标左键拖曳该蒙版至字幕文件居中的位置，如图 6-48 所示。

图 6-48　调整蒙版位置

STEP 07 在"效果控件"面板中，单击"蒙版扩展"左侧的"切换动画"按钮◯，如图 6-49 所示，即可在视频的开始处添加一个关键帧。

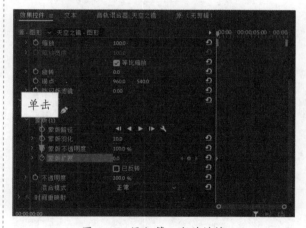

图 6-49　添加第一个关键帧

STEP 08 在"蒙版扩展"右侧的数值文本框中，设置"蒙版扩展"参数为 -100.0，缩小蒙版显示范围，如图 6-50 所示。

STEP 09 在"时间轴"面板中，拖曳时间指示器至 00:00:04:00 的位置，如图 6-51 所示。

STEP 10 在"效果控件"面板中，单击"蒙版扩展"右侧的"添加/移除关键帧"按钮◯，如图 6-52 所示，即可再次添加一个关键帧。

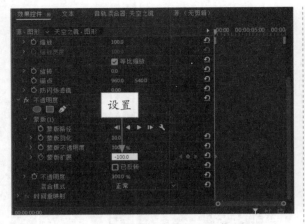

图 6-50　设置第一个关键帧的参数

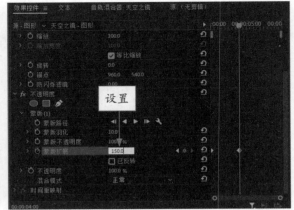

图 6-53　设置第二个关键帧的参数

图 6-51　拖曳时间指示器

图 6-54　完成椭圆形蒙版动画的设置

STEP 13 在"节目监视器"面板中，单击"播放 - 停止切换"按钮▶，可以预览画面效果，如图 6-55 所示。

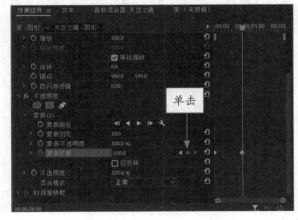

图 6-52　添加第二个关键帧

STEP 11 在"效果控件"面板中，设置"蒙版扩展"的参数为150.0，扩大蒙版显示范围，如图 6-53 所示。

STEP 12 执行上述操作后，即可完成椭圆形蒙版动画的设置，如图 6-54 所示。

图 6-55　预览画面效果

图 6-55　预览画面效果（续）

6.4.2　4 点多边形蒙版：制作晚霞流云视频效果

用户在了解了如何创建椭圆形蒙版动画后，创建 4 点多边形蒙版动画的方法就变得十分简单了。下面将介绍创建 4 点多边形蒙版动画的操作方法。

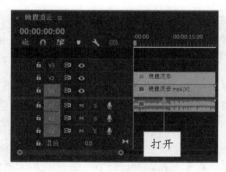

素材文件	素材 \ 第 6 章 \6.4.2\ 晚霞流云 .prproj
效果文件	效果 \ 第 6 章 \6.4.2\ 晚霞流云 .prproj
视频文件	视频 \ 第 6 章 \6.4.2　4 点多边形蒙版：制作晚霞流云视频效果 .mp4

【操练 + 视频】
——4 点多边形蒙版：制作晚霞流云视频效果

STEP 01 按 Ctrl + O 组合键，打开项目文件，如图 6-56 所示。

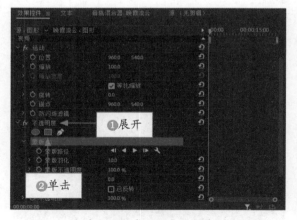

图 6-56　打开项目文件

STEP 02 打开项目文件后，在"节目监视器"面板中可以查看素材画面，如图 6-57 所示。

图 6-57　查看素材画面

STEP 03 在"时间轴"面板中，选择 V2 轨道上的字幕文件，如图 6-58 所示。

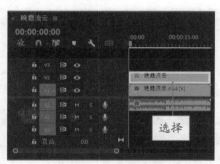

图 6-58　选择字幕文件

STEP 04 在"效果控件"面板中，❶展开"不透明度"选项；❷单击"创建 4 点多边形蒙版"按钮，如图 6-59 所示。

图 6-59　单击"创建 4 点多边形蒙版"按钮

STEP 05 执行上述操作后，在"节目监视器"面板中的画面上会显示一个矩形蒙版，如图 6-60 所示。

图 6-60　显示矩形蒙版

STEP 06 在"节目监视器"面板中，按住鼠标左键拖曳该蒙版至字幕文件位置，如图 6-61 所示。

图 6-61　拖曳蒙版至字幕文件位置

STEP 07 在"效果控件"面板中，单击"蒙版扩展"左侧的"切换动画"按钮，如图 6-62 所示，即可在视频的开始处添加一个关键帧。

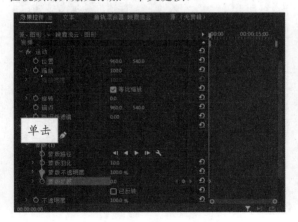

图 6-62　添加第一个关键帧

STEP 08 在"蒙版扩展"右侧的数值文本框中，设置"蒙版扩展"参数为 -100.0，缩小蒙版显示范围，如图 6-63 所示。

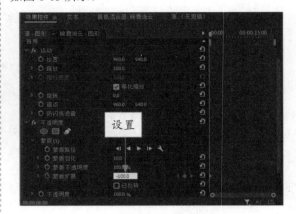

图 6-63　设置第一个关键帧的参数

STEP 09 在"时间轴"面板中，拖曳时间指示器至 00:00:05:00 的位置，如图 6-64 所示。

图 6-64　拖曳时间指示器

STEP 10 在"效果控件"面板中，单击"蒙版扩展"右侧的"添加 / 移除关键帧"按钮，如图 6-65 所示，即可再次添加一个关键帧。

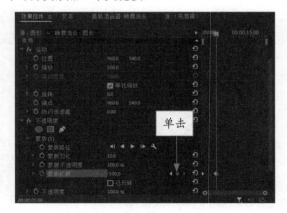

图 6-65　添加第二个关键帧

STEP 11 添加完成后，设置"蒙版扩展"参数值为 -50.0，如图 6-66 所示。

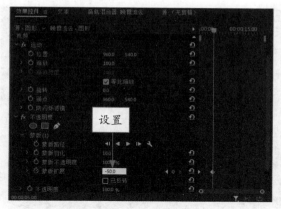

图 6-66　设置第二个关键帧的参数

STEP 12 使用同样的方法，❶在 00:00:07:00 位置处再次添加一个关键帧；❷设置"蒙版扩展"参数为 180.0，完成 4 点多边形蒙版动画的设置，如图 6-67 所示。

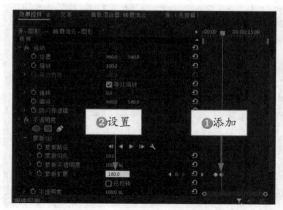

图 6-67　添加第三个关键帧

STEP 13 在"节目监视器"面板中，单击"播放 - 停止切换"按钮 ▶，可以预览画面效果，如图 6-68 所示。

图 6-68　预览画面效果

6.4.3　自由曲线蒙版：制作一枝独秀视频效果

在 Premiere Pro 2023 中，除了可以创建椭圆形蒙版动画和 4 点多边形蒙版动画外，还可以创建自由曲线蒙版动画，使影视文件内容更加丰富。下面介绍创建自由曲线蒙版动画的操作方法。

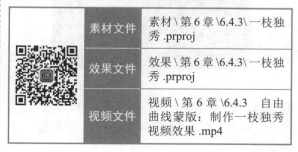	素材文件	素材 \ 第 6 章 \6.4.3\ 一枝独秀 .prproj
	效果文件	效果 \ 第 6 章 \6.4.3\ 一枝独秀 .prproj
	视频文件	视频 \ 第 6 章 \6.4.3　自由曲线蒙版：制作一枝独秀视频效果 .mp4

【操练 + 视频】
——自由曲线蒙版：制作一枝独秀视频效果

STEP 01 按 Ctrl ＋ O 组合键，打开项目文件，如图 6-69 所示。

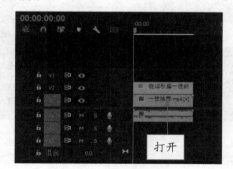

图 6-69　打开项目文件

STEP 02 打开项目文件后，在"节目监视器"面板中可以查看素材画面，如图 6-70 所示。

图 6-70　查看素材画面

Premiere Pro 2023 全面精通
视频剪辑＋颜色调整＋转场特效＋字幕制作＋案例实战

STEP 03 在"时间轴"面板中，选择 V2 轨道上的字幕文件，如图 6-71 所示。

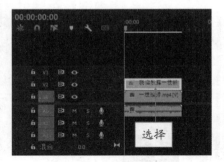

图 6-71　选择字幕文件

STEP 04 在"效果控件"面板中，❶展开"不透明度"选项；❷单击"自由绘制贝塞尔曲线"按钮 🖊，如图 6-72 所示。

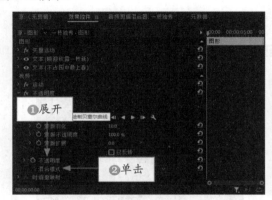

图 6-72　单击相应按钮

STEP 05 执行上述操作后，在"节目监视器"面板中的字幕文件四周单击，画面中会显示点线相连的曲线，如图 6-73 所示。

图 6-73　显示点线相连的曲线

STEP 06 围绕字幕文件四周继续单击，完成自由曲线蒙版的绘制，如图 6-74 所示。

图 6-74　绘制自由曲线蒙版

STEP 07 在"效果控件"面板中，单击"蒙版扩展"左侧的"切换动画"按钮 🖼，如图 6-75 所示，即可在视频的开始处添加一个关键帧。

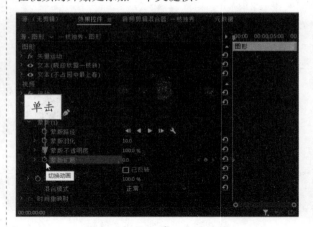

图 6-75　添加第一个关键帧

STEP 08 在"蒙版扩展"右侧的数值文本框中，设置"蒙版扩展"参数为 -180.0，缩小蒙版显示范围，如图 6-76 所示。

STEP 09 在"时间轴"面板中，拖曳时间指示器至 00:00:05:00 的位置，如图 6-77 所示。

STEP 10 在"效果控件"面板中，单击"蒙版扩展"右侧的"添加/移除关键帧"按钮 🔘，如图 6-78 所示，即可再次添加一个关键帧。

STEP 11 添加完成后，设置"蒙版扩展"参数值为 0，如图 6-79 所示。

图 6-76　设置第一个关键帧的参数

图 6-77　拖曳时间指示器

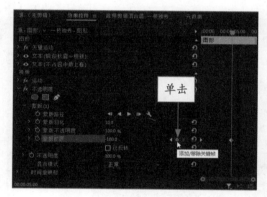

图 6-78　添加第二个关键

图 6-79　设置第二个关键帧的参数

STEP 12 执行上述操作后，即可完成自由曲线蒙版动画的设置，如图 6-80 所示。

图 6-80　完成自由曲线蒙版动画的设置

STEP 13 单击"播放 - 停止切换"按钮▶，可以预览画面效果，如图 6-81 所示。

图 6-81　预览画面效果

105

第7章

字幕特效：制作图形文本运动效果

章前知识导读

在各种影视画面中，字幕是不可缺少的一个重要组成部分，起着解释画面、补充内容的作用，有画龙点睛之效。Premiere Pro 2023 不仅可以制作静态的字幕，也可以制作动态的字幕效果。本章将向读者详细介绍编辑与设置动态影视字幕的操作方法。

新手重点索引

- 设置图形文本属性
- 制作精彩字幕效果
- 设置字幕填充效果

效果图片欣赏

7.1 设置图形文本属性

为了让字幕的整体效果更加具有吸引力和感染力，需要用户对图形文本的属性进行精心调整。本节将介绍字幕属性的作用与调整的技巧。

7.1.1 文本样式：制作白云苍狗字幕效果

文本样式是 Premiere Pro 2023 为用户预设的字幕属性设置方案，让用户能够快速地设置文本的属性。下面介绍设置文本样式的操作方法。

素材文件	素材\第7章\7.1.1\白云苍狗.prproj
效果文件	效果\第7章\7.1.1\白云苍狗.prproj
视频文件	视频\第7章\7.1.1 文本样式：制作白云苍狗字幕效果.mp4

【操练 + 视频】
——文本样式：制作白云苍狗字幕效果

STEP 01 按 Ctrl + O 组合键，打开项目文件，效果如图 7-1 所示。

图 7-1 打开的项目文件效果

STEP 02 选择"文件"|"导入"命令，如图 7-2 所示。

STEP 03 在弹出的"导入"对话框中，选择"文本样式"素材文件，如图 7-3 所示。

STEP 04 单击"打开"按钮，即可将选择的文本样式文件导入到"项目"面板中，如图 7-4 所示。

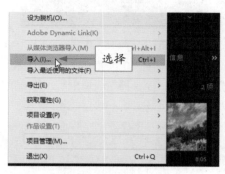

图 7-2 选择"导入"命令

图 7-3 选择素材文件

图 7-4 将文件导入"项目"面板中

STEP 05 在"项目"面板中，选择导入的文本样式，将其拖曳至"时间轴"面板 V2 轨道中的字幕素材上，如图 7-5 所示。

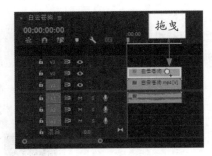

图 7-5　拖曳文本样式

STEP 06 完成上述操作后，即可为图形文本添加文本样式，在"节目监视器"面板中可预览画面效果，如图 7-6 所示。

图 7-6　预览画面效果

▶ 专家指点

完成文本样式导入后，选择相应的文本素材，在"基本图形"面板的"样式"选项区中，也可以为文本素材添加已导入的样式。

用户还可以在"样式"选项区中选择"创建样式"选项，如图 7-7 所示。在弹出的"新建文本样式"对话框中单击"确定"按钮，如图 7-8 所示，即可将所选文本素材此时的样式保存至"项目"面板中。

图 7-7　选择"创建样式"选项

图 7-8　保存文本样式

7.1.2　文本位置：制作蓓蕾初绽字幕效果

在 Premiere Pro 2023 中，可以对图形文本的位置参数进行调整。下面介绍变换文本位置的操作方法。

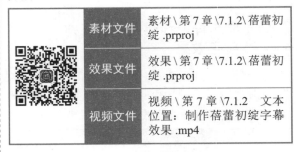

素材文件	素材\第 7 章\7.1.2\蓓蕾初绽 .prproj
效果文件	效果\第 7 章\7.1.2\蓓蕾初绽 .prproj
视频文件	视频\第 7 章\7.1.2　文本位置：制作蓓蕾初绽字幕效果 .mp4

【操练＋视频】
——文本位置：制作蓓蕾初绽字幕效果

STEP 01 按 Ctrl ＋ O 组合键，打开项目文件，效果如图 7-9 所示。

图 7-9　打开的项目文件效果

STEP 02 在"时间轴"面板的 V2 轨道中，选择相应图形文本素材，如图 7-10 所示。

图 7-10　选择文本素材

STEP 03 在"基本图形"面板中，设置"切换动画的位置"为（660.0，900.0），如图 7-11 所示。

图 7-11　设置"切换动画的位置"参数

STEP 04 执行操作后，即可设置图形文本的位置，在"节目监视器"面板中可以预览画面效果，如图 7-12 所示。

图 7-12　预览画面效果

7.1.3　文本字距：制作碧野青葱字幕效果

字距主要是指文字之间的间隔距离。下面将介绍在 Premiere Pro 2023 中设置字距的操作方法。

	素材文件	素材 \ 第 7 章 \7.1.3\ 碧野青葱 .prproj
	效果文件	效果 \ 第 7 章 \7.1.3\ 碧野青葱 .prproj
	视频文件	视频 \ 第 7 章 \7.1.3　文本字距：制作碧野青葱字幕效果 .mp4

【操练 + 视频】
——文本字距：制作碧野青葱字幕效果

STEP 01 按 Ctrl + O 组合键，打开项目文件，效果如图 7-13 所示。

图 7-13　打开的项目文件效果

STEP 02 在"时间轴"面板的 V2 轨道中，选择图形文本素材，如图 7-14 所示。

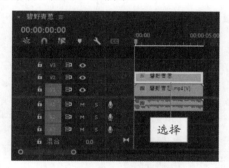

图 7-14　选择文本素材

▶ **专家指点**

如果一段素材文件包含多个不同的文本，用户可以在"基本图形"面板中查看并选中所需调整的文本素材后再进行设置。

STEP 03 在"基本图形"面板的"文本"选项区中，设置"字距调整"为 800，如图 7-15 所示。

图 7-15　设置"字距调整"参数

109

STEP 04 执行操作后，即可完成字距设置，在"节目监视器"面板中可以预览画面效果，如图 7-16 所示。

图 7-16　预览画面效果

7.1.4　文本字体：制作苍翠欲滴字幕效果

在"基本图形"面板的"文本"选项区中，可以重新设置文本的字体。下面将介绍设置文本字体的操作方法。

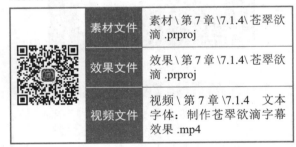

	素材文件	素材 \ 第 7 章 \7.1.4\苍翠欲滴 .prproj
	效果文件	效果 \ 第 7 章 \7.1.4\苍翠欲滴 .prproj
	视频文件	视频 \ 第 7 章 \7.1.4　文本字体：制作苍翠欲滴字幕效果 .mp4

【操练＋视频】
——文本字体：制作苍翠欲滴字幕效果

STEP 01 按 Ctrl ＋ O 组合键，打开项目文件，效果如图 7-17 所示。

STEP 02 在"时间轴"面板的 V2 轨道中，选择相应图形的文本素材，如图 7-18 所示。

STEP 03 在"基本图形"面板的"文本"选项区中，设置"字体"为"楷体"，如图 7-19 所示。

STEP 04 执行操作后，即可完成字体设置，在"节目监视器"面板中可以预览画面效果，如图 7-20 所示。

图 7-17　打开的项目文件效果

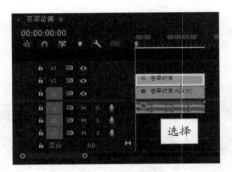

图 7-18　选择文本素材

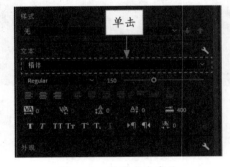

图 7-19　设置文本字体

图 7-20　预览画面效果

7.1.5 旋转文本：制作浮光掠影字幕效果

在 Premiere Pro 2023 中，可以将画面中的图形文本进行旋转操作，以得到更好的字幕效果。下面介绍旋转文本角度的操作方法。

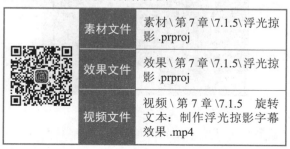

素材文件	素材 \ 第 7 章 \7.1.5\ 浮光掠影 .prproj
效果文件	效果 \ 第 7 章 \7.1.5\ 浮光掠影 .prproj
视频文件	视频 \ 第 7 章 \7.1.5　旋转文本：制作浮光掠影字幕效果 .mp4

【操练 + 视频】
——旋转文本：制作浮光掠影字幕效果

STEP 01 按 Ctrl ＋ O 组合键，打开项目文件，效果如图 7-21 所示。

图 7-21　打开的项目文件效果

STEP 02 在"时间轴"面板的 V2 轨道中，选择相应图形的文本素材，如图 7-22 所示。

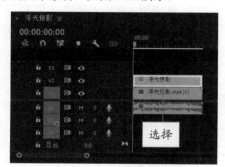

图 7-22　选择文本素材

STEP 03 在"基本图形"面板的"对齐并变换"选项区中，设置"切换动画的旋转"为 -14°，如图 7-23 所示。

图 7-23　设置"切换动画的旋转"参数

STEP 04 执行操作后，即可旋转字幕角度，在"节目监视器"面板中预览旋转字幕角度后的效果，如图 7-24 所示。

图 7-24　旋转字幕角度后的效果

7.1.6 设置大小：制作雕栏玉砌字幕效果

如果文本的字号太小，那么可以对其进行设置。下面将介绍设置字幕字号大小的操作方法。

素材文件	素材 \ 第 7 章 \7.1.6\ 雕栏玉砌 .prproj
效果文件	效果 \ 第 7 章 \7.1.6\ 雕栏玉砌 .prproj
视频文件	视频 \ 第 7 章 \7.1.6　设置大小：制作雕栏玉砌字幕效果 .mp4

【操练＋视频】
——设置大小：制作雕栏玉砌字幕效果

STEP 01 按 Ctrl ＋ O 组合键，打开项目文件，效果如图 7-25 所示。

图 7-25　打开的项目文件效果

STEP 02 在"时间轴"面板的 V2 轨道中，选择相应图形文本素材，如图 7-26 所示。

图 7-26　选择文本素材

STEP 03 在"基本图形"面板的"文本"选项区中，设置"字体大小"为 170，如图 7-27 所示。

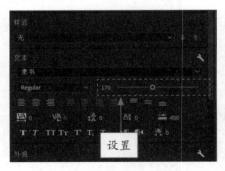

图 7-27　设置"字体大小"参数

STEP 04 执行操作后，即可设置字幕字号大小，在"节目监视器"面板中预览设置字幕字号大小后的效果，如图 7-28 所示。

图 7-28　预览图像效果

7.2　设置字幕填充效果

在"基本图形"面板的"外观"选项区中除了可以为字幕添加"实底"填充外，也可以添加"线性渐变""径向渐变"两种复杂的色彩渐变填充效果。此外，还可以为字幕添加描边和阴影等效果。本节将详细介绍设置字幕填充效果的操作方法。

7.2.1　实色填充：制作雕梁画栋字幕效果

"实底"填充是指在字体内填充一种单独的颜色。下面将介绍为字幕设置实色填充的操作方法。

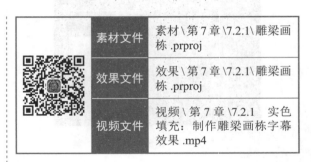

素材文件	素材 \ 第 7 章 \7.2.1\ 雕梁画栋 .prproj	
效果文件	效果 \ 第 7 章 \7.2.1\ 雕梁画栋 .prproj	
视频文件	视频 \ 第 7 章 \7.2.1　实色填充：制作雕梁画栋字幕效果 .mp4	

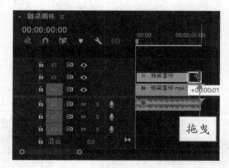

【操练 + 视频】
——实色填充：制作雕梁画栋字幕效果

STEP 01 按 Ctrl + O 组合键，打开项目文件，如图 7-29 所示。

图 7-29 打开项目文件

STEP 02 打开项目文件后，在"节目监视器"面板中可以查看素材画面，如图 7-30 所示。

图 7-30 查看素材画面

STEP 03 选取"文字工具" T，在"节目监视器"面板中单击，如图 7-31 所示，即可创建一个图形文本框。

图 7-31 创建图形文本框

STEP 04 在创建的图形文本框中输入相应的文字，如图 7-32 所示。

图 7-32 输入相应文字

STEP 05 在"时间轴"面板中，拖曳 V2 轨道上的素材末尾，如图 7-33 所示，即可调整素材的持续时间。

图 7-33 调整素材的持续时间

STEP 06 在"基本图形"面板中，双击相应文本素材，如图 7-34 所示，即可对选中的文本素材进行编辑。

图 7-34 选中文本素材

STEP 07 在"文本"选项区中，设置"字体"为"楷体"，"字体大小"为 150，如图 7-35 所示。

STEP 08 执行操作后，即可调整字幕的字体样式，单击"填充"选项下方的色块，如图 7-36 所示。

图 7-35　设置相应参数

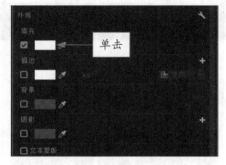

图 7-36　单击"填充"色块

STEP 09 在弹出的"拾色器"对话框中，设置 RGB 参数为（45，0，0），如图 7-37 所示。

图 7-37　设置 RGB 参数

▶ 专家指点

Premiere Pro 2023 软件会以从上至下的顺序渲染视频，如果将字幕文件添加到 V1 轨道，将影片素材文件添加到 V2 及以上的轨道，将会导致渲染的影片素材挡住了字幕文件，从而无法显示字幕。

STEP 10 单击"确定"按钮即可完成设置，在"节目监视器"面板中可以预览画面效果，如图 7-38 所示。

图 7-38　预览画面效果

7.2.2　线性渐变：制作高耸入云字幕效果

渐变填充是指从一种颜色逐渐向另一种颜色过渡的填充方式。下面将介绍设置线性渐变填充的操作方法。

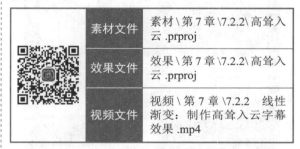

	素材文件	素材 \ 第 7 章 \7.2.2\ 高耸入云 .prproj
	效果文件	效果 \ 第 7 章 \7.2.2\ 高耸入云 .prproj
	视频文件	视频 \ 第 7 章 \7.2.2　线性渐变：制作高耸入云字幕效果 .mp4

【操练 + 视频】
——线性渐变：制作高耸入云字幕效果

STEP 01 按 Ctrl + O 组合键，打开项目文件，如图 7-39 所示。

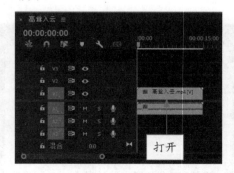

图 7-39　打开项目文件

STEP 02 在"节目监视器"面板中，可以查看素材画面，如图 7-40 所示。

图 7-40 查看素材画面

STEP 03 在工具箱中，❶长按"文字工具" ⟨T⟩；❷在弹出的下拉列表中选择"垂直文字工具"选项，如图 7-41 所示。

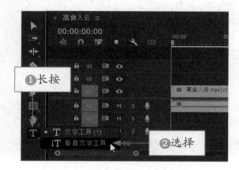

图 7-41 选择"垂直文字工具"选项

STEP 04 完成上述操作后，在"节目监视器"面板中单击，如图 7-42 所示，即可创建一个图形文本框。

图 7-42 创建图形文本框

STEP 05 在创建的图形文本框中输入相应的文字，如图 7-43 所示。

图 7-43 输入相应文字

STEP 06 在"时间轴"面板中，拖曳 V2 轨道上的素材末尾，如图 7-44 所示，即可调整素材的持续时间。

图 7-44 调整素材的持续时间

STEP 07 在"基本图形"面板中，双击相应文本素材，如图 7-45 所示，即可对选中的文本素材进行编辑。

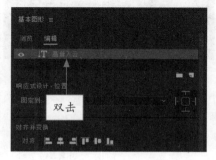

图 7-45 选中文本素材

STEP 08 在"文本"选项区中，设置"字体"为"楷体"，"字体大小"为 120，如图 7-46 所示。

Premiere Pro 2023 全面精通

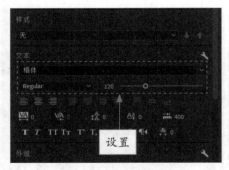

图 7-46　设置相应参数

STEP 09 在"对齐并变换"选项区中，设置"切换动画的位置"为（1200.0，150.0），如图 7-47 所示。

图 7-47　设置"切换动画的位置"参数

STEP 10 执行操作后，即可调整字幕的字体样式和位置，单击"填充"选项下方的色块，如图 7-48 所示。

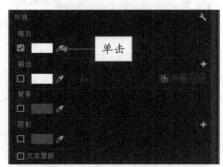

图 7-48　单击"填充"色块

STEP 11 在弹出的"拾色器"对话框中，❶展开"填充选项"列表框；❷选择"线性渐变"选项，如图 7-49 所示。

STEP 12 ❶单击第一个色标按钮▇；❷设置 RGB 参数为（50，75，223），如图 7-50 所示。

STEP 13 ❶单击第二个色标按钮▇；❷设置 RGB 参数为（109，176，228），如图 7-51 所示。

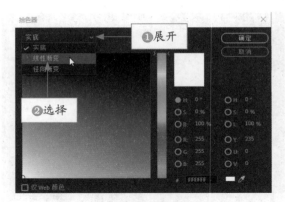

图 7-49　选择"线性渐变"选项

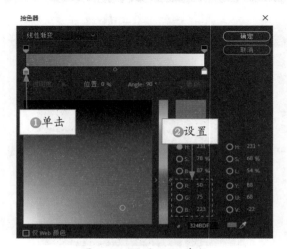

图 7-50　设置 RGB 参数

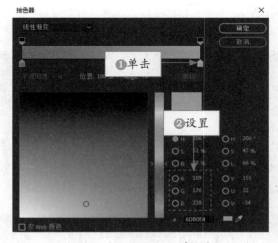

图 7-51　设置 RGB 参数

STEP 14 ❶单击"颜色中点"按钮◆；❷设置"位置"为 80%，如图 7-52 所示。

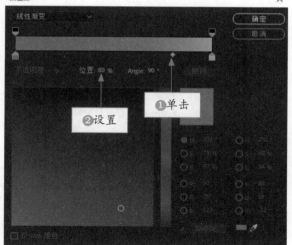

图 7-52　设置颜色中点"位置"参数

STEP 15 单击"确定"按钮应用设置，在"节目监视器"面板中即可预览画面效果，如图 7-53 所示。

图 7-53　预览画面效果

7.2.3　径向渐变：制作静影沉璧字幕效果

径向渐变也是渐变填充的一种，但渐变的方向和线性渐变不同，是从中心向外的渐变形式。下面介绍设置径向渐变填充的操作方法。

素材文件	素材 \ 第 7 章 \7.2.3\ 静影沉璧 .prproj
效果文件	效果 \ 第 7 章 \7.2.3\ 静影沉璧 .prproj
视频文件	视频 \ 第 7 章 \7.2.3　径向渐变：制作静影沉璧字幕效果 .mp4

【操练 + 视频】
——径向渐变：制作静影沉璧字幕效果

STEP 01 按 Ctrl + O 组合键，打开项目文件，如图 7-54 所示。

图 7-54　打开项目文件

STEP 02 在"节目监视器"面板中可以查看素材画面，如图 7-55 所示。

图 7-55　查看素材画面

STEP 03 选取"文字工具" ，在"节目监视器"面板中单击，如图 7-56 所示，即可创建一个图形文本框。

图 7-56　创建图形文本框

STEP 04 在创建的图形文本框中输入相应的文字，如图 7-57 所示。

图 7-57　输入相应文字

STEP 05 在"时间轴"面板中，拖曳 V2 轨道上的素材末尾，如图 7-58 所示，即可调整素材的持续时间。

图 7-58　调整素材的持续时间

STEP 06 在"基本图形"面板中，双击相应文本素材，如图 7-59 所示，即可对选中的文本素材进行编辑。

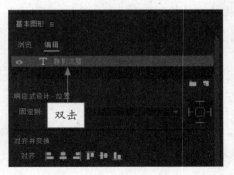

图 7-59　选中文本素材

STEP 07 在"文本"选项区中，设置"字体"为"隶书"，"字体大小"为 140，如图 7-60 所示。

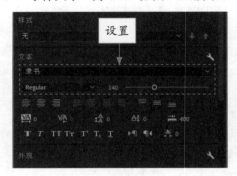

图 7-60　设置相应参数

STEP 08 在"对齐并变换"选项区中，设置"切换动画的位置"为（350.0，500.0），如图 7-61 所示。

图 7-61　设置相应参数

STEP 09 执行操作后，即可调整字幕的字体样式和位置，单击"填充"选项下方的色块，如图 7-62 所示。

STEP 10 在弹出的"拾色器"对话框中，❶展开"填充选项"列表框；❷选择"径向渐变"选项，如图 7-63 所示。

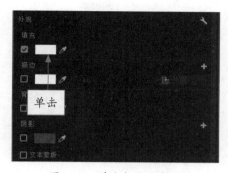

图 7-62　单击相应的色块

图 7-63　选择"径向渐变"选项

STEP 11 ❶单击第一个色标按钮▣；❷设置 RGB 参数为（255，165，99），如图 7-64 所示。

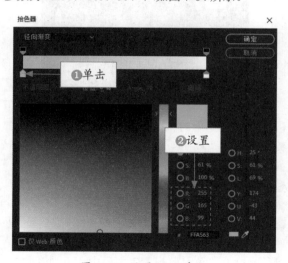

图 7-64　设置 RGB 参数

STEP 12 ❶单击第二个色标按钮▣；❷设置 RGB 参数为（221，66，24），如图 7-65 所示。

STEP 13 执行上述操作后，❶单击"颜色中点"按钮◆；❷设置"位置"为 30%，如图 7-66 所示。

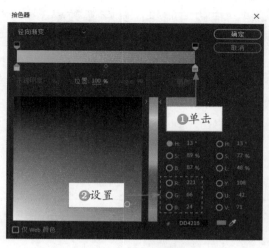

图 7-65　设置 RGB 参数

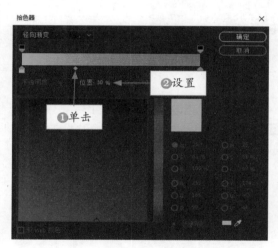

图 7-66　设置颜色中点"位置"参数

STEP 14 单击"确定"按钮，即可应用设置。在"节目监视器"面板中即可预览画面效果，如图 7-67 所示。

图 7-67　预览画面效果

7.2.4 描边与阴影：让字幕效果更加醒目

字幕的"描边"与"阴影"效果的主要作用是让字幕更加突出、醒目。用户可以有选择地添加或者删除字幕中的描边或阴影效果。

1. 外侧描边：制作鳞次栉比字幕效果

"外侧"描边效果是从字幕的边缘向外扩展，并增加字幕占据画面的范围，下面介绍具体的操作方法。

素材文件	素材\第7章\7.2.4\鳞次栉比.prproj	
效果文件	效果\第7章\7.2.4\鳞次栉比.prproj	
视频文件	视频\第7章\7.2.4 外侧描边：制作鳞次栉比字幕效果.mp4	

【操练＋视频】
——外侧描边：制作鳞次栉比字幕效果

STEP 01 按 Ctrl ＋ O 组合键，打开项目文件，效果如图 7-68 所示。

图 7-68 打开的项目文件效果

STEP 02 在"时间轴"面板中，选择 V2 轨道上的文本素材，如图 7-69 所示。

STEP 03 在"基本图形"面板中，双击文本素材，如图 7-70 所示，即可选中文本素材。

STEP 04 在"外观"选项区中，选中"描边"下方的复选框并单击"描边"颜色色块，如图 7-71 所示。

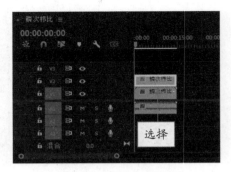

图 7-69 选择文本素材

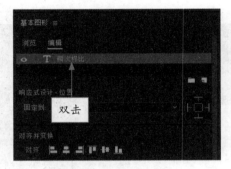

图 7-70 选中文本素材

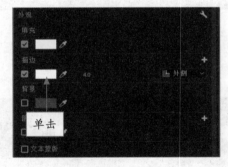

图 7-71 单击"描边"色块

STEP 05 在弹出的"拾色器"对话框中，❶设置 RGB 参数为（2，12，22）；❷单击"确定"按钮，如图 7-72 所示，即可设置描边的颜色。

STEP 06 在"外观"选项区中，设置"描边宽度"为 8.0，如图 7-73 所示。

STEP 07 ❶展开"描边"右侧的列表框；❷选择"外侧"选项，如图 7-74 所示。

STEP 08 在"节目监视器"面板中，单击"播放-停止切换"按钮▶，即可预览画面效果，如图 7-75 所示。

图 7-72　设置 RGB 参数

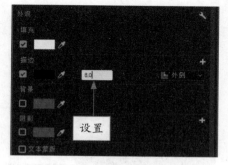

图 7-73　设置"描边宽度"参数

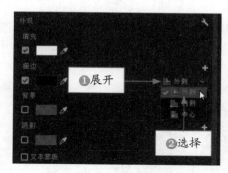

图 7-74　选择"外侧"选项

图 7-75　预览画面效果

2．内侧描边：制作绿肥红瘦字幕效果

"内侧"描边与"外侧"描边正好相反，"内侧"描边主要是从字幕边缘向内进行扩展，这种描边效果可能会覆盖字幕的原有填充效果，因此，在设置时需要调整好各项参数才能制作出需要的效果，下面介绍具体的操作方法。

素材文件	素材\第 7 章\7.2.4\绿肥红瘦 .prproj
效果文件	效果\第 7 章\7.2.4\绿肥红瘦 .prproj
视频文件	视频\第 7 章\7.2.4　内侧描边：制作绿肥红瘦字幕效果 .mp4

【操练 + 视频】
——内侧描边：制作绿肥红瘦字幕效果

STEP 01 按 Ctrl + O 组合键，打开项目文件，效果如图 7-76 所示。

图 7-76　打开的项目文件效果

STEP 02 在"时间轴"面板中，选择 V2 轨道上的文本素材，如图 7-77 所示。

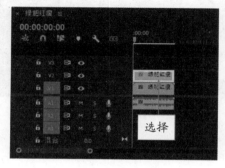

图 7-77　选择文本素材

STEP 03 在"基本图形"面板中，双击相应文本素材，如图 7-78 所示，即可选中文本素材。

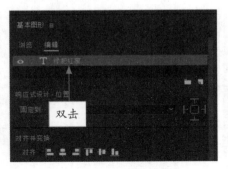

图 7-78　选中文本素材

STEP 04 在"外观"选项区中，选中"描边"下方的复选框并单击"描边"颜色色块，如图 7-79 所示。

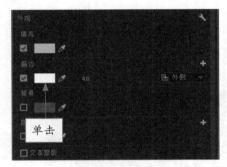

图 7-79　单击"描边"色块

STEP 05 在弹出的"拾色器"对话框中，❶设置 RGB 参数为（124，50，31）；❷单击"确定"按钮，如图 7-80 所示，即可设置描边的颜色。

图 7-80　设置 RGB 参数

STEP 06 在"外观"选项区中，设置"描边宽度"为 5.0，如图 7-81 所示。

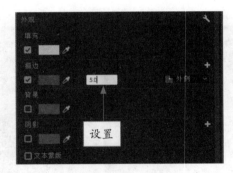

图 7-81　设置"描边宽度"参数

STEP 07 ❶展开"描边"右侧的列表框；❷选择"内侧"选项，如图 7-82 所示。

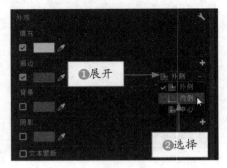

图 7-82　选择"内侧"选项

STEP 08 在"节目监视器"面板中，单击"播放 - 停止切换"按钮▶，即可预览画面效果，如图 7-83 所示。

图 7-83　预览画面效果

3. 中心描边：制作暮霭沉沉字幕效果

　　"中心"描边是从字幕的边缘同时向内外扩展，下面介绍具体的操作方法。

	素材文件	素材\第7章\7.2.4\暮霭沉沉.prproj
	效果文件	效果\第7章\7.2.4\暮霭沉沉.prproj
	视频文件	视频\第7章\7.2.4 中心描边：制作暮霭沉沉字幕效果.mp4

【操练＋视频】
——中心描边：制作暮霭沉沉字幕效果

STEP 01 按 Ctrl ＋ O 组合键，打开项目文件，效果如图 7-84 所示。

图 7-84　打开的项目文件效果

STEP 02 在"时间轴"面板中，选择 V2 轨道上的文本素材，如图 7-85 所示。

图 7-85　选择文本素材

STEP 03 在"基本图形"面板中，双击相应文本素材，如图 7-86 所示，即可选中文本素材。

STEP 04 在"外观"选项区中，选中"描边"下方的复选框并单击"描边"颜色色块，如图 7-87 所示。

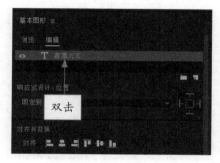

图 7-86　选中文本素材

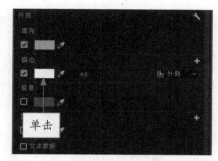

图 7-87　单击"描边"色块

STEP 05 在弹出的"拾色器"对话框中，❶设置 RGB 参数为（251，240，238）；❷单击"确定"按钮，如图 7-88 所示，即可设置描边的颜色。

图 7-88　设置 RGB 参数

STEP 06 在"外观"选项区中，设置"描边宽度"为 4.0，如图 7-89 所示。

STEP 07 ❶展开"描边"右侧的列表框；❷选择"中心"选项，如图 7-90 所示。

STEP 08 在"节目监视器"面板中，单击"播放-停止切换"按钮，即可预览画面效果，如图 7-91 所示。

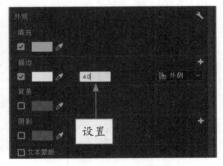

图 7-89 设置"描边宽度"参数

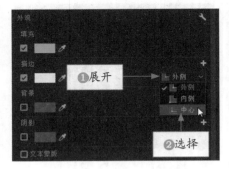

图 7-90 选择"中心"选项

图 7-91 预览画面效果

4．阴影：制作晴岚暖翠字幕效果

由于"阴影"是可选效果，用户只有在选中"阴影"复选框的状态下，Premiere Pro 2023 才会显示用户添加的字幕阴影效果。在添加字幕阴影效果后，可以对"阴影"选项区中各参数进行设置，以得到更好的阴影效果，下面介绍具体的操作方法。

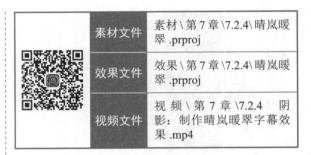

素材文件	素材 \ 第 7 章 \7.2.4\ 晴岚暖翠 .prproj
效果文件	效果 \ 第 7 章 \7.2.4\ 晴岚暖翠 .prproj
视频文件	视 频 \ 第 7 章 \7.2.4 阴影：制作晴岚暖翠字幕效果 .mp4

【操练＋视频】
——阴影：制作晴岚暖翠字幕效果

STEP 01 按 Ctrl ＋ O 组合键，打开项目文件，如图 7-92 所示。

图 7-92 打开项目文件

STEP 02 在"节目监视器"面板中可以查看素材画面，如图 7-93 所示。

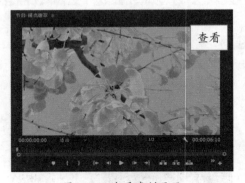

图 7-93 查看素材画面

STEP 03 选取"文字工具" T，在"节目监视器"面板中单击，如图 7-94 所示，即可创建一个图形文本框。

STEP 04 在创建的图形文本框中输入相应的文字，如图 7-95 所示。

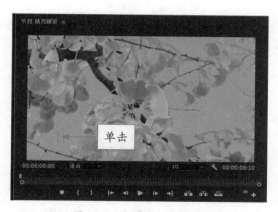

图 7-94　创建图形文本框

图 7-95　输入相应文字

STEP 05 在"时间轴"面板中，拖曳 V2 轨道上的素材末尾，如图 7-96 所示，即可调整素材的持续时间。

图 7-96　调整素材的持续时间

STEP 06 在"基本图形"面板中，双击相应文本素材，如图 7-97 所示，即可选中文本素材进行编辑。

STEP 07 在"文本"选项区中，设置"字体"为"楷体"，"字体大小"为 120，如图 7-98 所示。

STEP 08 执行操作后，即可调整字幕的字体样式，单击"填充"选项下方的色块，如图 7-99 所示。

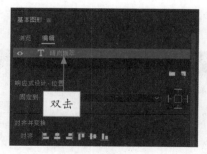

图 7-97　选中文本素材

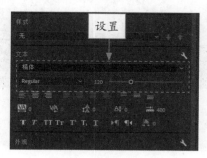

图 7-98　设置相应参数

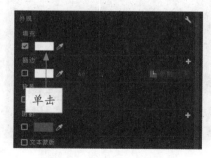

图 7-99　单击"填充"色块

STEP 09 在弹出的"拾色器"对话框中，设置 RGB 参数为（246，255，220），如图 7-100 所示。

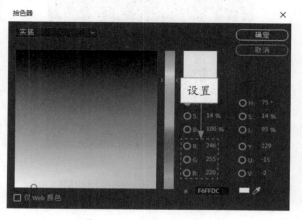

图 7-100　设置 RGB 参数

125

STEP 10 单击"确定"按钮应用设置，在"节目监视器"面板中即可预览画面效果，如图 7-101 所示。

图 7-101 预览画面效果

STEP 11 在"外观"选项区中，选中"阴影"下方的复选框，如图 7-102 所示。

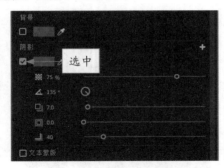

图 7-102 选中相应复选框

STEP 12 设置阴影"距离"为 14.0，"大小"为 2.0，如图 7-103 所示。

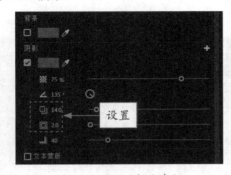

图 7-103 设置相应参数

STEP 13 单击"播放 - 停止切换"按钮▶，预览画面效果，如图 7-104 所示。

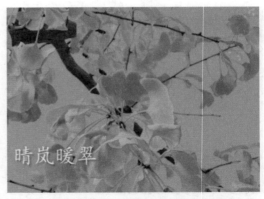

图 7-104 预览画面效果

7.2.5 镂空文本：制作琼楼玉宇字幕效果

镂空文本效果是利用描边和无颜色填充的方式达成的效果。下面将介绍设置镂空文本的操作方法。

	素材文件	素材 \ 第 7 章 \7.2.5\ 琼楼玉宇 .prproj
	效果文件	效果 \ 第 7 章 \7.2.5 琼楼玉宇 .prproj
	视频文件	视频 \ 第 7 章 \7.2.5 镂空文本：制作琼楼玉宇字幕效果 .mp4

【操练 + 视频】
——镂空文本：制作琼楼玉宇字幕效果

STEP 01 按 Ctrl + O 组合键，打开项目文件，如图 7-105 所示。

STEP 02 在"节目监视器"面板中可以查看素材画面，如图 7-106 所示。

图 7-105 打开项目文件

图 7-106 查看素材画面

STEP 03 选取"文字工具"T，在"节目监视器"面板中单击，如图 7-107 所示，即可创建一个图形文本框。

图 7-107 创建图形文本框

STEP 04 在创建的图形文本框中输入相应的文字，如图 7-108 所示。

STEP 05 在"时间轴"面板中，拖曳 V2 轨道上的素材末尾，如图 7-109 所示，即可调整素材的持续时间。

图 7-108 输入相应文字

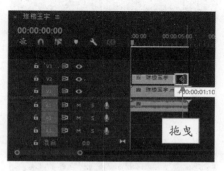

图 7-109 调整素材的持续时间

STEP 06 在"基本图形"面板中，双击相应文本素材，如图 7-110 所示，即可选中文本素材进行编辑。

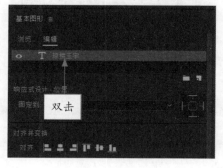

图 7-110 选中文本素材

STEP 07 在"文本"选项区中，设置"字体"为"隶书"，"字体大小"为 160，如图 7-111 所示。

STEP 08 在"对齐并变换"选项区中，设置"切换动画的位置"为（165.0，900.0），如图 7-112 所示。

STEP 09 执行操作后，即可调整字幕的字体样式和位置，取消选中"填充"选项下方的复选框，如图 7-113 所示，即可取消选中填充效果。

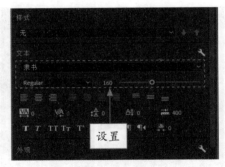

图 7-111　设置相应参数

图 7-112　设置相应参数

图 7-113　取消选中"填充"复选框

▶ **专家指点**

　　镂空效果状态下的字幕没有填充颜色，想让镂空字幕展现不同的效果，用户可以通过设置描边的颜色和宽度等方法来完成。

STEP 10 选中"描边"选项下方的复选框并单击"描边"选项右侧的色块，如图 7-114 所示。

STEP 11 在弹出的"拾色器"对话框中，设置 RGB 参数为（204，232，250），如图 7-115 所示。

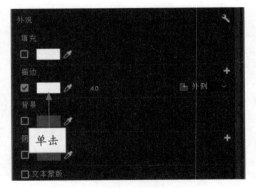

图 7-114　单击"描边"色块

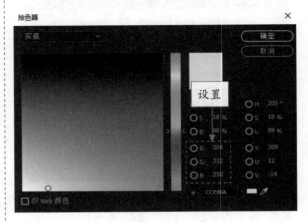

图 7-115　设置 RGB 参数

STEP 12 单击"确定"按钮，在"节目监视器"面板中即可预览画面效果，如图 7-116 所示。

图 7-116　预览画面效果

7.3　制作精彩字幕效果

随着动态视频的发展，动态字幕的应用也越来越频繁了，这些精美的字幕特效能够点明影视视频的主题，让影片更加生动，具有很强的感染力。本节主要介绍精彩字幕特效的制作方法。

7.3.1　路径运动：制作冰清玉洁字幕效果

在 Premiere Pro 2023 中，用户可以使用"运动"效果制作字幕路径特效，下面介绍制作路径运动字幕效果的方法。

素材文件	素材 \ 第 7 章 \7.3.1\ 冰清玉洁 .prproj
效果文件	效果 \ 第 7 章 \7.3.1\ 冰清玉洁 .prproj
视频文件	视频 \ 第 7 章 \7.3.1　路径运动：制作冰清玉洁字幕效果 .mp4

【操练 + 视频】
——路径运动：制作冰清玉洁字幕效果

STEP 01　按 Ctrl + O 组合键，打开项目文件，效果如图 7-117 所示。

图 7-117　打开的项目文件效果

STEP 02　在 V2 轨道上，选择字幕文件，如图 7-118 所示。

STEP 03　在"效果控件"面板中，单击"位置"和"旋转"左侧的"切换动画"按钮，如图 7-119 所示，即可添加关键帧。

图 7-118　选择字幕文件

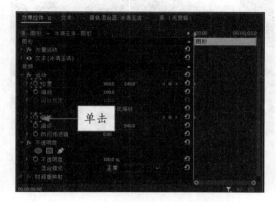
图 7-119　添加第一组关键帧

STEP 04　❶拖曳时间指示器至 00:00:03:00 的位置；❷设置"位置"为（1457.0，74.0），"旋转"为 -10.0°，如图 7-120 所示，即可添加关键帧。

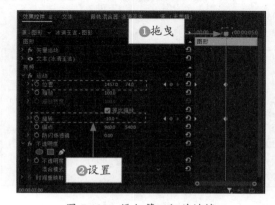
图 7-120　添加第二组关键帧

129

STEP 05 制作完成后，单击"节目监视器"面板中的"播放 - 停止切换"按钮▶，即可预览字幕路径特效，如图 7-121 所示。

图 7-121　预览字幕路径特效

7.3.2　滚动特效：制作上下天光字幕效果

"滚动字幕"特效是指字幕在画面中翻滚前进的效果，这种类型的动态字幕常运用在电视节目中。下面介绍制作滚动特效字幕效果的操作方法。

素材文件	素材 \ 第 7 章 \7.3.2\ 上下天光 .prproj
效果文件	效果 \ 第 7 章 \7.3.2\ 上下天光 .prproj
视频文件	视频 \ 第 7 章 \7.3.2　滚动特效：制作上下天光字幕效果 .mp4

【操练＋视频】
——滚动特效：制作上下天光字幕效果

STEP 01 按 Ctrl ＋ O 组合键，打开一个项目文件，效果如图 7-122 所示。

图 7-122　打开的项目文件效果

STEP 02 在 V2 轨道上，选择字幕文件，如图 7-123 所示。

图 7-123　选择字幕文件

STEP 03 在"效果控件"面板中，❶单击"位置"和"旋转"左侧的"切换动画"按钮◎；❷设置"位置"为（960.0，200.0），"锚点"为（960.0，330.0），如图 7-124 所示，即可添加关键帧。

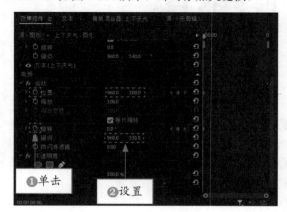

图 7-124　添加第一组关键帧

STEP 04 ❶拖曳时间指示器至 00:00:02:29 的位置；❷设置"位置"为（960.0，800.0），"旋转"为 3×0.0°，如图 7-125 所示，即可添加关键帧。

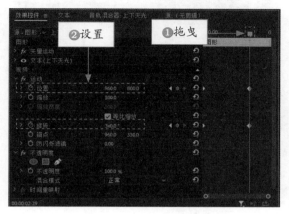

图 7-125　添加第二组关键帧

STEP 05 制作完成后，单击"节目监视器"面板中的"播放 - 停止切换"按钮▶，即可预览字幕翻转特效，如图 7-126 所示。

图 7-126　预览字幕翻转特效

7.3.3　旋转特效：制作离离矗矗字幕效果

"旋转"字幕效果主要是通过设置"运动"特效中的"旋转"选项的参数，让字幕在画面中旋转。下面介绍制作旋转特效字幕效果的操作方法。

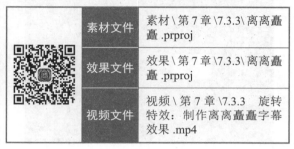

素材文件	素材 \ 第 7 章 \7.3.3\ 离离矗矗 .prproj
效果文件	效果 \ 第 7 章 \7.3.3\ 离离矗矗 .prproj
视频文件	视频 \ 第 7 章 \7.3.3　旋转特效：制作离离矗矗字幕效果 .mp4

【操练 + 视频】
——旋转特效：制作离离矗矗字幕效果

STEP 01 按 Ctrl + O 组合键，打开一个项目文件，效果如图 7-127 所示。

图 7-127　打开的项目文件效果

STEP 02 在 V2 轨道上，选择字幕文件，如图 7-128 所示。

图 7-128　选择字幕文件

STEP 03 在"效果控件"面板中，单击"旋转"左侧的"切换动画"按钮，如图 7-129 所示，即可添加关键帧。

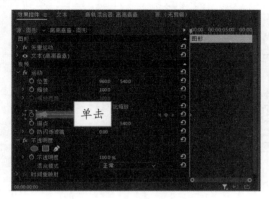

图 7-129　添加第一个关键帧

STEP 04 ❶拖曳时间指示器至 00:00:02:00 的位置；❷设置"旋转"为 -80.0°，如图 7-130 所示，即可添加关键帧。

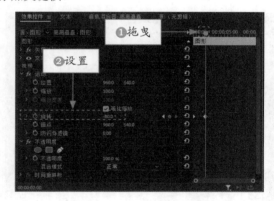

图 7-130　添加第二个关键帧

STEP 05 制作完成后，单击"节目监视器"面板中的"播放 - 停止切换"按钮，即可预览字幕旋转特效，如图 7-131 所示。

图 7-131　预览字幕旋转特效

图 7-131　预览字幕旋转特效（续）

7.3.4　拉伸特效：制作水榭亭台字幕效果

"拉伸"字幕效果常常运用于大型的视频广告中，如电影广告、衣服广告、汽车广告等。下面介绍制作拉伸特效字幕效果的操作方法。

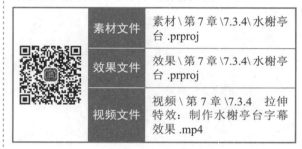

	素材文件	素材 \ 第 7 章 \7.3.4\ 水榭亭台 .prproj
	效果文件	效果 \ 第 7 章 \7.3.4\ 水榭亭台 .prproj
	视频文件	视频 \ 第 7 章 \7.3.4　拉伸特效：制作水榭亭台字幕效果 .mp4

【操练 + 视频】
——拉伸特效：制作水榭亭台字幕效果

STEP 01 按 Ctrl ＋ O 组合键，打开一个项目文件，效果如图 7-132 所示。

图 7-132　打开的项目文件效果

STEP 02 在 V2 轨道上，选择字幕文件，如图 7-133 所示。

图 7-133　选择字幕文件

STEP 03 在"效果控件"面板中，单击"缩放"左侧的"切换动画"按钮，如图 7-134 所示，即可添加关键帧。

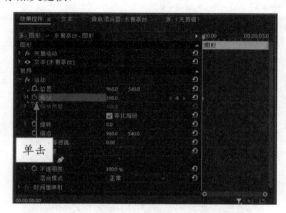

图 7-134　添加第一个关键帧

STEP 04 ❶拖曳时间指示器至 00:00:02:10 的位置；❷设置"缩放"为 200.0，如图 7-135 所示，即可添加关键帧。

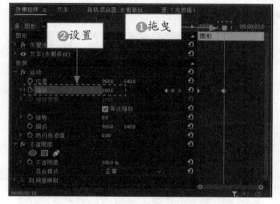

图 7-135　添加第二个关键帧

STEP 05 执行操作后，即可制作拉伸特效字幕效果，单击"节目监视器"面板中的"播放 - 停止切换"按钮，即可预览字幕拉伸特效，如图 7-136 所示。

图 7-136　预览字幕拉伸特效

▶ 专家指点

设置画面缩放属性时，可以通过调整锚点位置来控制画面的中心点，缩放时就会产生往不同方向扩大的效果。

7.3.5　淡入淡出：制作天高云淡字幕效果

在 Premiere Pro 2023 中，通过设置"效果控件"面板中的"不透明度"选项参数，可以制作字幕的淡入淡出特效，下面介绍具体的操作方法。

素材文件	素材 \ 第 7 章 \7.3.5\ 天高云淡 .prproj
效果文件	效果 \ 第 7 章 \7.3.5\ 天高云淡 .prproj
视频文件	视频 \ 第 7 章 \7.3.5　淡入淡出：制作天高云淡字幕效果 .mp4

【操练＋视频】
——淡入淡出：制作天高云淡字幕效果

STEP 01 按 Ctrl ＋ O 组合键，打开一个项目文件，效果如图 7-137 所示。

图 7-137　打开的项目文件效果

STEP 02 在 V2 轨道上，选择字幕文件，如图 7-138 所示。

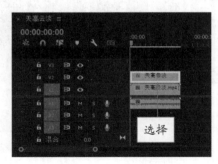

图 7-138　选择字幕文件

STEP 03 在"效果控件"面板中，❶单击"不透明度"选项左侧的"切换动画"按钮，❷设置"不透明度"为 0.0%，如图 7-139 所示，即可添加关键帧。

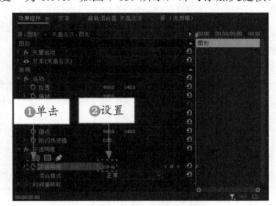

图 7-139　添加第一个关键帧

STEP 04 ❶拖曳时间指示器至 00:00:03:00 的位置；❷设置"不透明度"为 100.0%，如图 7-140 所示，即可添加关键帧。

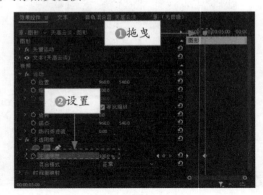

图 7-140　添加第二个关键帧

STEP 05 ❶拖曳时间指示器至 00:00:07:00 的位置；❷单击"不透明度"选项右侧的"添加 / 移除关键帧"按钮，如图 7-141 所示，即可添加关键帧。

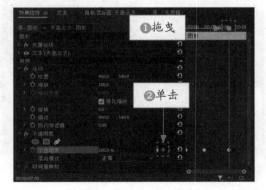

图 7-141　添加第三个关键帧

STEP 06 ❶拖曳时间指示器至 00:00:09:25 的位置；❷设置"不透明度"为 0.0%，如图 7-142 所示，即可添加关键帧。

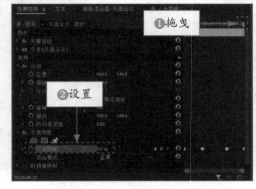

图 7-142　添加第四个关键帧

STEP 07 制作完成后，单击"节目监视器"面板中的"播放 - 停止切换"按钮▶，即可预览字幕淡入淡出特效，如图 7-143 所示。

图 7-143　预览字幕淡入淡出特效

7.3.6　混合特效：制作朱楼碧瓦字幕效果

在 Premiere Pro 2023 的"效果控件"面板中，展开"不透明度"选项，在该选项区中，除了可以通过设置"不透明度"参数制作淡入淡出效果，还可以制作字幕的混合特效，下面介绍具体的操作方法。

素材文件	素材 \ 第 7 章 \7.3.6\ 朱楼碧瓦 .prproj
效果文件	效果 \ 第 7 章 \7.3.6\ 朱楼碧瓦 .prproj
视频文件	视频 \ 第 7 章 \7.3.6　混合特效：制作朱楼碧瓦字幕效果 .mp4

【操练 + 视频】
——混合特效：制作朱楼碧瓦字幕效果

STEP 01 按 Ctrl + O 组合键，打开一个项目文件，效果如图 7-144 所示。

图 7-144　打开的项目文件效果

STEP 02 在 V2 轨道上，选择字幕文件，如图 7-145 所示。

图 7-145　选择字幕文件

STEP 03 在"效果控件"面板中，❶单击"混合模式"右侧的下拉按钮；❷在弹出的下拉列表中选择"强光"选项，如图 7-146 所示。

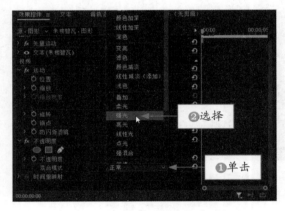

图 7-146　选择"强光"选项

STEP 04 执行操作后，即可完成混合特效的制作，单击"节目监视器"面板中的"播放 - 停止切换"按钮▶，即可预览字幕混合特效，如图 7-147 所示。

图 7-147　预览字幕混合特效

第8章

音频文件：编辑音频的基本操作

章前知识导读

  在 Premiere Pro 2023 中，音频的制作非常重要，在影视、游戏及多媒体的制作开发中，音频和视频具有同样重要的地位，音频的质量直接影响到作品的质量。本章将对音频编辑的核心技巧进行讲解，让用户在了解声音的同时，知道怎样编辑音频。

新手重点索引

- 🎬 了解数字音频
- 🎬 编辑音频效果
- 🎬 制作常用音频特效

- 🎬 编辑音频素材
- 🎬 制作立体声效果
- 🎬 制作其他音频特效

效果图片欣赏

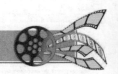

8.1　了解数字音频

数字音频是一种利用数字化手段对声音进行录制、存放、编辑、压缩或播放的技术，是随着数字信号处理技术、计算机技术以及多媒体技术的发展而形成的一种全新的声音处理手段，主要应用领域是音乐后期制作和录音。

8.1.1　声音的概念

人类听到的所有声音都可以被称为音频，例如对话声、歌声和乐器发出的声音等。然而，这些声音在使用时都需要进行一定的处理。接下来将从声音的最基本概念开始，逐渐深入了解音频编辑的核心技巧。

1．声音原理

声音是由物体振动产生的，正在发声的物体叫声源，声音以声波的形式传播。声音是一种压力波，当演奏乐器、拍打一扇门或者敲击桌面时，它们的振动会引起介质——空气分子有节奏地振动，使周围的空气产生疏密变化，形成疏密相间的纵波，这就产生了声波，这种现象会一直延续到振动消失为止。

2．声音响度

"响度"是用于表达声音的强弱程度的重要指标，其大小取决于声波振幅的大小。响度是人耳判别声音由轻到响的强度等级概念，它不仅取决于声音的强度（如声压级），还与它的频率及波形有关。响度的单位为"宋"，1 宋的定义相当于声压级为 40dB，频率为 1000Hz，且来自听者正前方的平面波形的强度。如果另一个声音听起来比 1 宋的声音大 n 倍，即该声音的响度为 n 宋。

3．声音音高

"音高"是用来表示人耳对声音高低的主观感受。通常较大的物体振动所发出的音调会较低，而轻巧的物体则可以发出较高的音调。

音调就是通常大家所说的"音高"，它是声音的一个重要物理特性。音调的高低取决于声音频率，频率越高音调越高，频率越低音调越低。为了得到影视动画中的某些特殊效果，可以将声音频率变高或者变低。

4．声音音色

"音色"主要是由声音波形的谐波频谱和包络决定，也被称为"音品"。音色就好像是绘图中的颜色，发音体和发音环境的不同都会影响声音的质量。声音可分为基音和泛音，音色是由混入基音的泛音所决定的，泛音越高谐波越丰富，音色就越有明亮感和穿透力。不同的谐波具有不同的幅值和相位偏移，由此产生各种音色。

音色的不同取决于不同的泛音，每一种乐器、不同的人以及所有能发声的物体发出的声音，除了一个基音外，还有许多不同频率（振动的速度）的泛音伴随，正是这些泛音决定了其不同的音色，使人能辨别出是不同的乐器甚至不同的人发出的声音。

5．失真

失真是指声音经录制加工后产生的一种畸变，一般分为非线性失真和线性失真两种。非线性失真是指声音在录制加工后出现了一种新的频率，与原声产生了差异。线性失真则没有产生新的频率，但是原有声音的比例发生了变化，要么增加了高频成分的音量，要么减少了低频成分的音量。

6．静音和增益

静音和增益也是声音中的一种表现方式。所谓静音就是无声，在影视作品中，没有声音是一种具有积极意义的表现手段。增益是"放大量"的统称，它包括功率的增益、电压的增益和电流的增益。通过调整音响设备的增益量，可以对音频信号电平进行调节，使系统的信号电平处于一种最佳状态。

8.1.2　声音的类型

通常情况下，人类能够听到 20Hz ～ 20kHz 范围的声音频率。因此，按照内容、频率范围以及时间的不同，可以将声音分为自然音、纯音、复合音、协和音和噪音等类型。

1．自然音

自然音就是指大自然所发出的声音，例如雨声、风声以及流水声等。之所以称之为自然音，是因为其概念与名称相同。自然音结构是不以人的意志为转移的音之宇宙属性，当地球还没有出现人类时，这种现象就已经存在。

2．纯音

声音中只存在一种频率的声波，此时发出的声音便称为纯音。纯音是具有单一频率的正弦波，而一般的声音是由几种频率的波组成的。常见的纯音有金属撞击的声音。

3．复合音

由基音和泛音结合在一起形成的声音，叫作复合音。复合音是由物体振动产生，不仅整体在振动，它的部分同时也在振动。因此，平时所听到的声音，都不只是一个声音，而是由许多个声音组合而成的，于是便产生了复合音。用户可以试着在钢琴上弹出一个较低的音，用心聆听，不难发现，除了最响的音之外，还有一些非常弱的声音同时在响，这就是全弦的振动和弦部分的振动所产生的结果。

4．协和音

协和音也是声音类型的一种，同样是由多个音频所构成的组合音频，不同之处是构成组合音频的频率是两个单独的纯音。

5．噪音

噪音是指音高和音强变化混乱、听起来不和谐的声音，是由发音体不规则的振动产生的。噪音主要来源于交通运输、工业噪声、建筑施工以及社会噪声等。

噪音可以对人的正常听觉产生一定的干扰，它通常是由不同频率和不同强度声波的无规律组合所形成的声音，即物体无规律的振动所产生的声音。噪音不仅由声音的物理特性决定，而且还与人们的生理和心理状态有关。

8.1.3 数字音频的应用

随着数字音频储存和传输功能的提高，许多模拟音频已经无法与之比拟，因此，数字音频技术被广泛应用于数字录音机、数字调音台以及数字音频工作站等音频制作中。

1．数字录音机

"数字录音机"与模拟录音机相比，加强了其剪辑功能和自动编辑功能。数字录音机采用了数字化的方式来记录音频信号，因此实现了很高的动态范围和频率响应。

2．数字调音台

数字调音台是一种同时拥有 A/D 和 D/A 转换器以及 DSP 处理器的音频控制台。数字调音台作为音频设备的新生力量，已经在专业录音领域占据重要的地位，特别是近年来，数字调音台开始涉足扩声场所，足见调音台由模拟向数字转移是不可忽视的潮流。数字调音台主要有 8 个功能，下面将进行介绍。

- 操作过程可存储性。
- 信号的数字化处理。
- 数字调音台的信噪比和动态范围高。
- 这种 20bit 的采样深度和 1kHz 的取样频率，可以保证音频在 20Hz ～ 20kHz 范围内的频响不均匀度小于等于 1dB，并且总谐波失真小于 0.015%。
- 每个通道都可以方便地设置高质量的数字压缩限制器和降噪扩展器。
- 数字通道的位移寄存器，可以给出足够的信号延迟时间，以便对各声部的节奏同步做出调整。
- 两个立体声通道的联动调整十分方便。
- 数字调音台没有故障诊断功能。

3．数字音频工作站

数字音频工作站是计算机控制硬磁盘的主要记录媒体，是具有功能强大、性能优异和良好的人机界面等优点的设备。

数字音频工作站是一种可以根据需要对轨道进行扩充，从而能够方便地进行音频、视频同步编辑的工作站。

数字音频工作站主要用于节目录制、编辑和播出等场景，与传统的模拟方式相比，具有节省人力、物力，提高节目质量，共享节目资源，操作简单，编辑方便，播出及时和安全等优点，因此数字音频工作站的建立可以认为是声音节目制作由模拟走向数字的必经之路。

8.2 编辑音频素材

音频素材是指可以持续一段时间，含有各种音乐音响效果的声音。用户在编辑音频前，首先需要了解音频编辑的一些基本操作，如运用"项目"面板添加音频，运用菜单命令删除音频以及分割音频文件等。

8.2.1 添加音频：制作斗转星移音频效果

运用"项目"面板添加音频文件的方法与添加视频素材以及图片素材的方法基本相同，下面进行详细介绍。

	素材文件	素材 \ 第 8 章 \8.2.1\ 斗转星移 .prproj
	效果文件	效果 \ 第 8 章 \8.2.1\ 斗转星移 .prproj
	视频文件	视频 \ 第 8 章 \8.2.1 添加音频：制作斗转星移音频效果 .mp4

【操练＋视频】
——添加音频：制作斗转星移音频效果

STEP 01 按 Ctrl ＋ O 组合键，打开一个项目文件，效果如图 8-1 所示。

图 8-1 打开的项目文件效果

STEP 02 在"项目"面板中选择音频文件，如图 8-2 所示。

STEP 03 按住鼠标左键，将音频文件拖曳到 A1 轨道上，如图 8-3 所示。

STEP 04 执行操作后，即可运用"项目"面板添加音频，如图 8-4 所示。

图 8-2 选择音频文件

图 8-3 拖曳音频文件

图 8-4 添加音频效果

8.2.2 导入素材：添加繁星满天音频效果

在 Premiere Pro 2023 中，用户可以通过菜单命令在音频轨道中添加音频素材，为视频制作背景音乐。下面介绍具体的操作方法。

	素材文件	素材 \ 第 8 章 \8.2.2\ 繁星满天 .prproj
	效果文件	效果 \ 第 8 章 \8.2.2\ 繁星满天 .prproj
	视频文件	视频 \ 第 8 章 \8.2.2 音频素材：制作繁星满天音频效果 .mp4

【操练 + 视频】
——音频素材：制作繁星满天音频效果

STEP 01 按 Ctrl + O 组合键，打开一个项目文件，效果如图 8-5 所示。

图 8-5　打开的项目文件效果

STEP 02 选择"文件"|"导入"命令，如图 8-6 所示。

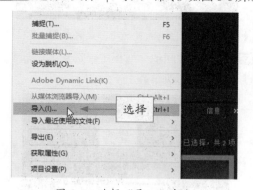

图 8-6　选择"导入"命令

STEP 03 弹出"导入"对话框，选择合适的音频文件，如图 8-7 所示。

STEP 04 单击"打开"按钮，将音频文件拖曳至"时间轴"面板中，添加的音频效果如图 8-8 所示。

图 8-7　选择合适的音频文件

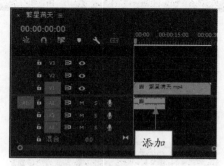

图 8-8　添加音频效果

8.2.3　删除音频：在"项目"面板中删除

用户若想删除"项目"面板中多余的音频素材，可以在"项目"面板中进行删除操作。下面介绍删除音频素材的操作方法。

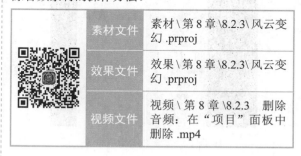	素材文件	素材 \ 第 8 章 \8.2.3\ 风云变幻 .prproj
	效果文件	效果 \ 第 8 章 \8.2.3\ 风云变幻 .prproj
	视频文件	视频 \ 第 8 章 \8.2.3 删除音频：在"项目"面板中删除 .mp4

【操练 + 视频】
——删除音频：在"项目"面板中删除

STEP 01 按 Ctrl + O 组合键，打开项目文件，效果如图 8-9 所示。

STEP 02 在"项目"面板中选择音频文件，如图 8-10 所示。

图 8-9　打开的项目文件效果

图 8-10　选择音频文件

STEP 03　单击鼠标右键，在弹出的快捷菜单中选择"清除"命令，如图 8-11 所示。

图 8-11　选择"清除"命令

STEP 04　弹出信息提示框，单击"是"按钮，如图 8-12 所示。

图 8-12　信息提示框

8.2.4　删除音频：在"时间轴"面板中删除

在"时间轴"面板中，用户可以根据需要将多余轨道上的音频文件删除，下面介绍在"时间轴"面板中删除多余音频文件的操作方法。

素材文件	素材＼第 8 章 \8.2.4\ 络绎不绝 .prproj	
效果文件	效果＼第 8 章 \8.2.4\ 络绎不绝 .prproj	
视频文件	视频＼第 8 章 \8.2.4　删除音频：在"时间轴"面板中删除 .mp4	

【操练＋视频】
——删除音频：在"时间轴"面板中删除

STEP 01　按 Ctrl ＋ O 组合键，打开项目文件，效果如图 8-13 所示。

图 8-13　打开的项目文件效果

STEP 02　在"时间轴"面板中，选择 A1 轨道上的素材，如图 8-14 所示。

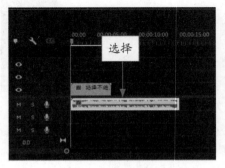

图 8-14　选择音频素材

STEP 03　按 Delete 键，即可删除音频文件，如图 8-15 所示。

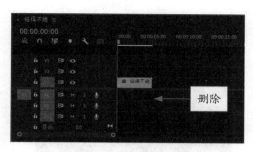

图 8-15　删除音频文件

8.2.5　通过菜单命令添加音频轨道

用户在添加音频轨道时，可以选择运用"序列"菜单中的"添加轨道"命令的方法。运用菜单命令添加音频轨道的具体方法是：选择"序列"|"添加轨道"命令，如图 8-16 所示。在弹出的"添加轨道"对话框中，设置"视频轨道"的添加参数为0，"音频轨道"的添加参数为1，如图 8-17 所示。单击"确定"按钮，即可完成音频轨道的添加。

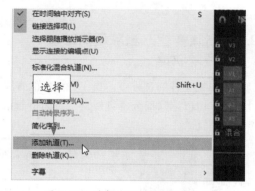

图 8-16　选择"添加轨道"命令

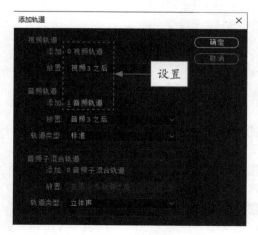

图 8-17　设置参数

8.2.6　通过"时间轴"面板添加音频轨道

在默认情况下将自动创建 3 个音频轨道和一个主音轨，当用户添加的音频素材过多时，可以添加 1 个或多个音频轨道。

运用"时间轴"面板添加音频轨道的具体方法是：将鼠标指针拖曳至"时间轴"面板中的 A1 轨道上，单击鼠标右键，在弹出的快捷菜单中选择"添加轨道"命令，如图 8-18 所示。

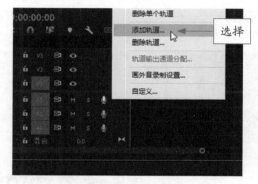

图 8-18　选择"添加轨道"命令

弹出"添加轨道"对话框，用户可以选择需要添加的音频轨道数量，单击"确定"按钮，此时用户可以在"时间轴"面板中看到添加的音频轨道，如图 8-19 所示。

图 8-19　添加音频轨道后的效果

8.2.7　剃刀工具：分割日转星移音频文件

分割音频文件是指运用"剃刀工具"将一段音频素材分割成两段或多段音频素材，这样可以让用户更好地将音频与其他素材相结合。

	素材文件	素材 \ 第 8 章 \8.2.7\ 日转星移 .prproj
	效果文件	效果 \ 第 8 章 \8.2.7\ 日转星移 .prproj
	视频文件	视频 \ 第 8 章 \8.2.7　剃刀工具：分割日转星移音频文件 .mp4

【操练＋视频】
——剃刀工具：分割日转星移音频文件

STEP 01 按 Ctrl ＋ O 组合键，打开项目文件，效果如图 8-20 所示。

图 8-20　打开的项目文件效果

STEP 02 在工具箱中，选取"剃刀工具" ，如图 8-21 所示。

图 8-21　选取"剃刀工具"

STEP 03 在音频文件上的合适位置单击，即可分割音频文件，如图 8-22 所示。

STEP 04 在音频文件的其他位置依次单击，分割音频文件，如图 8-23 所示。

图 8-22　分割音频文件

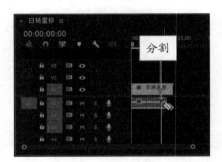

图 8-23　分割其他位置的音频文件

8.2.8　删除音轨：删除星河璀璨音频轨道

制作影视文件的过程中，当用户添加的音频轨道过多时，可以删除部分音频轨道。下面将介绍如何删除音频轨道。

	素材文件	素材 \ 第 8 章 \8.2.8\ 星河璀璨 .prproj
	效果文件	效果 \ 第 8 章 \8.2.8\ 星河璀璨 .prproj
	视频文件	视频 \ 第 8 章 \8.2.8　删除音轨：删除星河璀璨音频轨道 .mp4

【操练＋视频】
——删除音轨：删除星河璀璨音频轨道

STEP 01 按 Ctrl ＋ O 组合键，打开项目文件，如图 8-24 所示。

STEP 02 在"节目监视器"面板中，查看打开的项目图像效果，如图 8-25 所示。

STEP 03 选择"序列"|"删除轨道"命令，如图 8-26 所示。

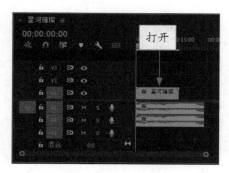

图 8-24　打开项目文件

图 8-25　查看项目图像效果

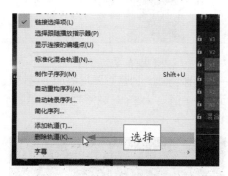

图 8-26　选择"删除轨道"命令

STEP 04 弹出"删除轨道"对话框，选中"删除音频轨道"复选框，如图 8-27 所示。

STEP 05 选择删除"音频 2"轨道，如图 8-28 所示。

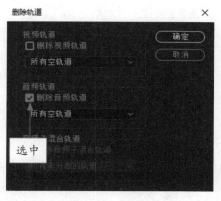

图 8-27　选中"删除音频轨道"复选框

图 8-28　选择需要删除的轨道

STEP 06 单击"确定"按钮，即可删除音频轨道，如图 8-29 所示。

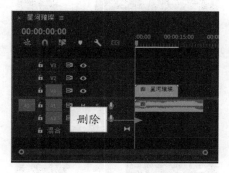

图 8-29　删除音频轨道

8.3　编辑音频效果

在 Premiere Pro 2023 中，用户可以对音频素材进行适当的处理，让音频达到更好的听觉效果。本节将详细介绍编辑音频效果的操作方法。

8.3.1 音频淡化：设置音频素材逐渐减弱

在 Premiere Pro 2023 中，系统为用户预设了"恒定功率""恒定增益"和"指数淡化"三种音频过渡效果，下面进行详细介绍。

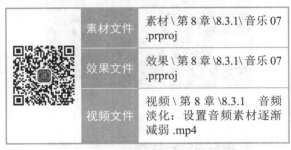

素材文件	素材\第 8 章\8.3.1\音乐 07 .prproj
效果文件	效果\第 8 章\8.3.1\音乐 07 .prproj
视频文件	视频\第 8 章\8.3.1 音频淡化：设置音频素材逐渐减弱 .mp4

【操练＋视频】
——音频淡化：设置音频素材逐渐减弱

STEP 01 按 Ctrl ＋ O 组合键，打开项目文件，如图 8-30 所示。

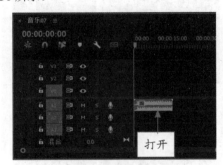

图 8-30　打开项目文件

STEP 02 在"效果"面板中，❶展开"音频过渡"|"交叉淡化"选项；❷选择"指数淡化"选项，如图 8-31 所示。

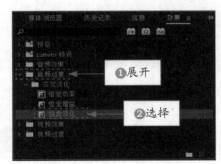

图 8-31　选择"指数淡化"选项

STEP 03 按住鼠标左键将其拖曳至 A1 轨道上，即可添加音频过渡，如图 8-32 所示。

图 8-32　添加音频过渡

8.3.2 音频特效：为音频素材添加带通特效

由于 Premiere Pro 2023 是一款视频编辑软件，因此在音频特效的编辑方面表现得不是那么突出，但系统仍然提供了大量的音频特效。下面介绍为音频素材添加带通特效的操作方法。

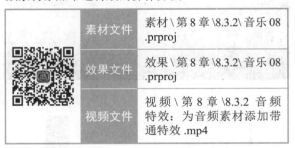

素材文件	素材\第 8 章\8.3.2\音乐 08 .prproj
效果文件	效果\第 8 章\8.3.2\音乐 08 .prproj
视频文件	视频\第 8 章\8.3.2 音频特效：为音频素材添加带通特效 .mp4

【操练＋视频】
——音频特效：为音频素材添加带通特效

STEP 01 按 Ctrl ＋ O 组合键，打开项目文件，如图 8-33 所示。

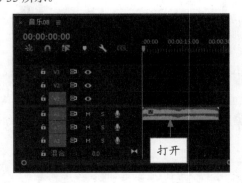

图 8-33　打开项目文件

STEP 02 ❶在"效果"面板中展开"音频效果"|"滤波器和 EQ"选项；❷选择"带通"选项，如图 8-34 所示。

图 8-34　选择"带通"选项

STEP 03 按住鼠标左键将其拖曳至"时间轴"面板中的 A1 轨道上，添加特效，如图 8-35 所示。

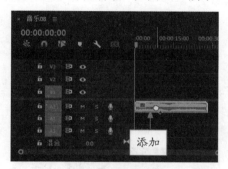

图 8-35　添加特效

STEP 04 在"效果控件"面板中，查看添加特效的各项参数，如图 8-36 所示。

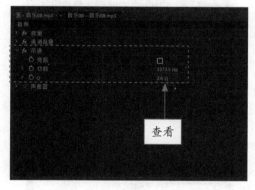

图 8-36　查看添加特效的各项参数

8.3.3　删除特效：删除不满意的音频特效

如果用户对添加的音频特效不满意，可以选择删除音频特效。运用"效果控件"面板删除音频特效的具体方法是：选择"效果控件"面板中的音频特效，单击鼠标右键，在弹出的快捷菜单中选择"清

除"命令，如图 8-37 所示，即可删除添加的音频特效，如图 8-38 所示。

图 8-37　选择"清除"命令

图 8-38　删除音频特效

● 专家指点

除了运用上述方法删除特效外，还可以在选中特效的情况下，按 Delete 键删除特效。

8.3.4　音频增益：制作暗无天日音频效果

在运用 Premiere Pro 2023 调整音频时，往往会使用多个音频素材。因此，用户需要通过调整增益效果来控制音频的最终效果。

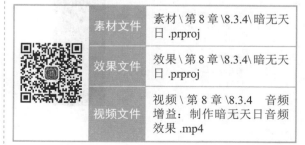

	素材文件	素材\第 8 章\8.3.4 暗无天日 .prproj
	效果文件	效果\第 8 章\8.3.4 暗无天日 .prproj
	视频文件	视频\第 8 章\8.3.4　音频增益：制作暗无天日音频效果 .mp4

【操练＋视频】
——音频增益：制作暗无天日音频效果

STEP 01 按 Ctrl ＋ O 组合键，打开项目文件，如图 8-39 所示。

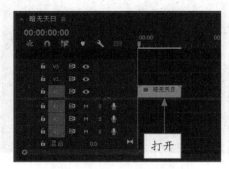

图 8-39　打开项目文件

STEP 02 在"节目监视器"面板中查看打开的项目效果，如图 8-40 所示。

图 8-40　查看项目效果

STEP 03 在"项目"面板的空白位置处单击鼠标右键，在弹出的快捷菜单中选择"导入"命令，如图 8-41 所示。

图 8-41　选择"导入"命令

STEP 04 在弹出的"导入"对话框中，①选择相应的音频素材文件；②单击"打开"按钮，如图 8-42 所示，即可将音频素材导入至"项目"面板中。

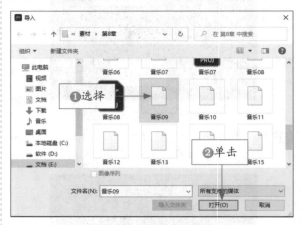

图 8-42　导入音频文件

STEP 05 执行操作后，在"项目"面板中将音频素材文件拖曳至"时间轴"面板中的 A1 轨道上，添加音频素材，如图 8-43 所示。

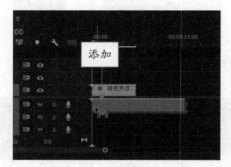

图 8-43　添加音频素材

STEP 06 ①选择添加的音频并单击鼠标右键；②在弹出的快捷菜单中选择"速度/持续时间"命令，如图 8-44 所示。

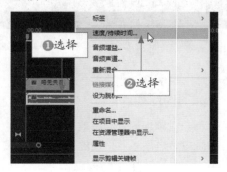

图 8-44　选择"速度/持续时间"命令

STEP 07 在"剪辑速度 / 持续时间"对话框中，设置"持续时间"为 00:00:05:00，如图 8-45 所示。

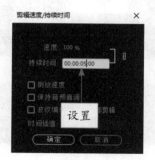

图 8-45　设置"持续时间"参数

STEP 08 执行上述操作后，即可更改音频文件的时长，选择更改时长后的音频文件，如图 8-46 所示。

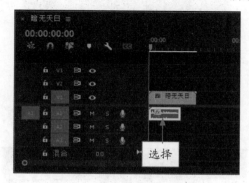

图 8-46　选择音频文件

STEP 09 选择"剪辑"|"音频选项"|"音频增益"命令，如图 8-47 所示。

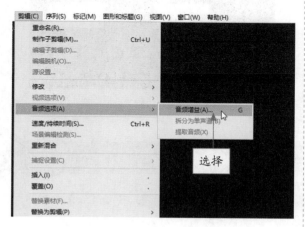

图 8-47　选择"音频增益"命令

STEP 10 弹出"音频增益"对话框，❶选中"将增益设置为"单选按钮；❷设置其参数为 12dB；

❸单击"确定"按钮，如图 8-48 所示，即可设置音频的增益。

图 8-48　设置音频的增益

8.3.5　设置淡化：制作雾漫东江音频效果

淡化效果可以让播放的背景音乐逐渐减弱，直到完全消失。淡化效果需要通过两个以上的关键帧来实现，下面介绍具体的操作方法。

素材文件	素材 \ 第 8 章 \8.3.5\ 雾漫东江 .prproj
效果文件	效果 \ 第 8 章 \8.3.5\ 雾漫东江 .prproj
视频文件	视频 \ 第 8 章 \8.3.5　设置淡化：制作雾漫东江音频效果 .mp4

【操练 + 视频】
——设置淡化：制作雾漫东江音频效果

STEP 01 按 Ctrl + O 组合键，打开项目文件，如图 8-49 所示。

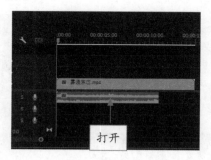

图 8-49　打开项目文件

STEP 02 在"节目监视器"面板中，单击"播放 - 停止切换"按钮▶，即可查看打开的项目效果，如图 8-50 所示。

STEP 03 选择"时间轴"面板中的音频素材，如图 8-51 所示。

图 8-50　查看项目效果

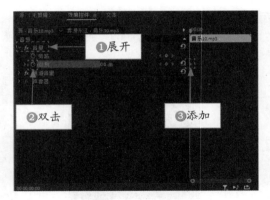

图 8-52　添加一个关键帧

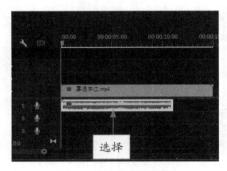

图 8-51　选择音频素材

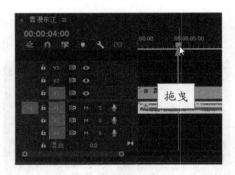

图 8-53　拖曳时间指示器

STEP 04 在"效果控件"面板中，❶展开"音量"选项；❷双击"级别"选项左侧的"切换动画"按钮⏱；❸添加一个关键帧，如图 8-52 所示。

STEP 05 拖曳当前时间指示器至 00:00:04:00 的位置，如图 8-53 所示。

STEP 06 在"音量"选项区中，❶设置"级别"选项的参数为 -200.0dB，减小音乐音量；❷添加另一个关键帧，如图 8-54 所示，即可完成对音频素材的淡化设置。

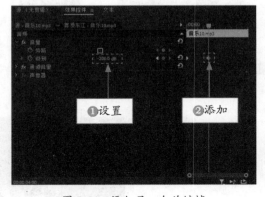

图 8-54　添加另一个关键帧

8.4　制作立体声效果

Premiere Pro 2023 拥有强大的立体音频处理能力，当使用的素材为立体声道时，Premiere Pro 2023 可以在两个声道间实现立体声音频效果。本节主要介绍立体声音频效果的制作方法。

8.4.1　导入视频：导入苍茫云海项目文件

在制作立体声音频效果之前，用户首先需要导入一段音频或有声音的视频素材，并将其拖曳至"时间轴"面板中。下面介绍具体的操作方法。

素材文件	素材 \ 第 8 章 \8.4.1\ 苍茫云海 .prproj
效果文件	无
视频文件	视频 \ 第 8 章 \8.4.1　导入视频：导入苍茫云海项目文件 .mp4

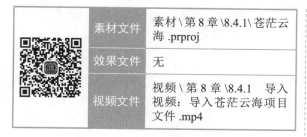

【操练 + 视频】
——导入视频：导入苍茫云海项目文件

STEP 01 选择"文件"|"导入"命令，如图 8-55 所示。

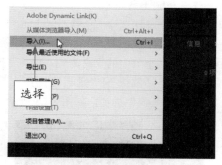

图 8-55　选择"导入"命令

STEP 02 弹出"导入"对话框，❶选择相应的视频素材；❷单击"打开"按钮，如图 8-56 所示，即可导入素材文件。

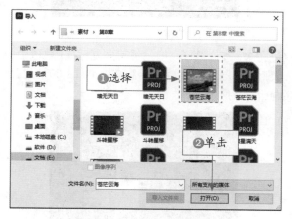

图 8-56　单击"打开"按钮

STEP 03 在"项目"面板中，选择导入的视频素材，如图 8-57 所示。

STEP 04 按住鼠标左键将其拖曳至"时间轴"面板中，即可添加视频素材，如图 8-58 所示。

图 8-57　选择导入的视频素材

图 8-58　添加视频素材

8.4.2　分离素材：对视频素材文件进行分离

在导入一段视频后，接下来需要对视频素材文件的音频与视频进行分离。下面介绍具体的操作方法。

素材文件	无
效果文件	无
视频文件	视频 \ 第 8 章 \8.4.2　分离素材：对视频素材文件进行分离 .mp4

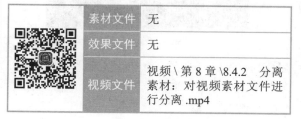

【操练 + 视频】
——分离素材：对视频素材文件进行分离

STEP 01 以 8.4.1 小节中的素材为例，选择视频素材，如图 8-59 所示。

STEP 02 单击鼠标右键，在弹出的快捷菜单中选择"取消链接"命令，如图 8-60 所示。

STEP 03 执行操作后，即可解除音频和视频之间的链接，如图 8-61 所示。

图 8-59　选择视频素材

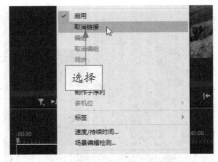

图 8-60　选择"取消链接"命令

图 8-61　解除音频和视频之间的链接

STEP 04 设置完成后，将时间指示器移至素材的开始位置，在"节目监视器"面板中，单击"播放 - 停止切换"按钮▶，预览视频效果，如图 8-62 所示。

图 8-62　预览效果

8.4.3　添加特效：为分割的音频素材添加特效

在 Premiere Pro 2023 中，完成分割音频素材操作后，接下来可以为分割的音频素材添加音频特效。下面介绍具体的操作方法。

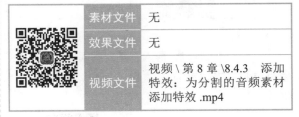

素材文件	无
效果文件	无
视频文件	视频 \ 第 8 章 \8.4.3　添加特效：为分割的音频素材添加特效 .mp4

【操练 + 视频】
——添加特效：为分割的音频素材添加特效

STEP 01 以 8.4.2 小节中的素材为例，❶在"效果"面板中展开"音频效果"|"延迟与回声"选项；❷选择"多功能延迟"选项，如图 8-63 所示。

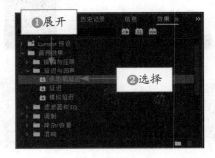

图 8-63　选择"多功能延迟"选项

STEP 02 按住鼠标左键，将其拖曳至 A1 轨道中的音频素材上，拖曳时间指示器至 00:00:02:00 的位置，如图 8-64 所示。

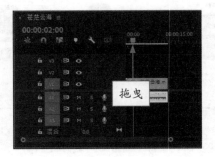

图 8-64　拖曳时间指示器

STEP 03 ❶在"效果控件"面板中展开"多功能延迟"选项；❷选中"旁路"复选框；❸设置"延迟 1"为 1.000 秒，延迟旁路音频效果，如图 8-65 所示。

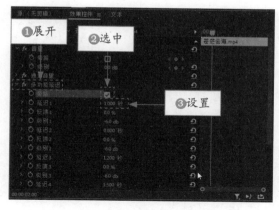

图 8-65 设置参数值

STEP 04 ❶拖曳时间指示器至 00:00:04:00 的位置；❷单击"旁路"和"延迟 1"左侧的"切换动画"按钮❷；❸添加关键帧，如图 8-66 所示。

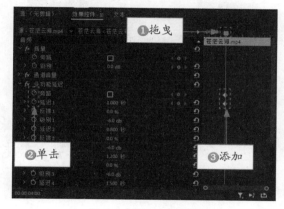

图 8-66 添加关键帧

STEP 05 执行上述操作后，在"效果控件"面板中取消选中"旁路"复选框，并将时间指示器拖曳至 00:00:07:00 的位置，如图 8-67 所示。

图 8-67 拖曳时间指示器

STEP 06 执行操作后，❶选中"旁路"复选框；❷添加第二个关键帧，如图 8-68 所示，即可添加音频特效。

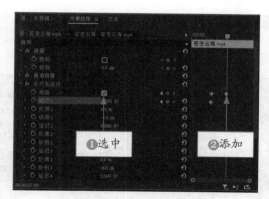

图 8-68 添加第二个关键帧

8.4.4 调整特效：使用音轨混合器控制音频

在 Premiere Pro 2023 中，音频特效添加完成后，接下来将使用音轨混合器来控制添加的音频特效。下面介绍具体的操作方法。

	素材文件	无
	效果文件	效果 \ 第 8 章 \8.4.4\ 苍茫云海 .prproj
	视频文件	视频 \ 第 8 章 \8.4.4 调整特效：使用音轨混合器控制音频 .mp4

【操练 + 视频】
——调整特效：使用音轨混合器控制音频

STEP 01 以上一节的素材为例，❶切换至"音轨混合器：苍茫云海"面板；❷设置 A1 选项的参数为 3.1；❸设置"左 / 右平衡"为 10.0，调整左右声道声音大小，如图 8-69 所示。

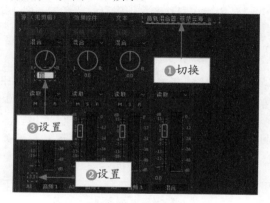

图 8-69 设置参数

STEP 02 执行操作后，单击"音轨混合器"面板底部的"播放 - 停止切换"按钮▶，即可播放音频，如图 8-70 所示。

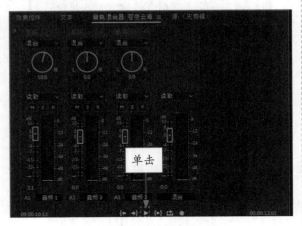

图 8-70 播放音频

STEP 03 在"节目监视器"面板中，单击"播放 - 停止切换"按钮▶，预览效果如图 8-71 所示。

图 8-71 预览效果

8.5 制作常用音频特效

在 Premiere Pro 2023 中，音频是影片中不可或缺的元素，用户可以根据需要制作常用的音频效果。本节主要介绍常用音频效果的制作方法。

8.5.1 降噪特效：制作白云苍狗音频效果

通过"降噪"特效可以降低音频素材中的机器噪声、环境噪声和外音等不应有的杂音。下面介绍添加降噪特效的操作方法。

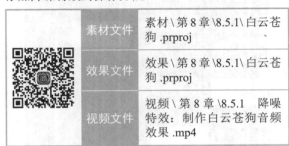

素材文件	素材 \ 第 8 章 \8.5.1\ 白云苍狗 .prproj	
效果文件	效果 \ 第 8 章 \8.5.1\ 白云苍狗 .prproj	
视频文件	视频 \ 第 8 章 \8.5.1 降噪特效：制作白云苍狗音频效果 .mp4	

【操练＋视频】
——降噪特效：制作白云苍狗音频效果

STEP 01 按 Ctrl ＋ O 组合键，打开项目文件，如图 8-72 所示。

图 8-72 打开项目文件

STEP 02 在"项目"面板中选择"白云苍狗 .mp4"素材文件，将其添加到"时间轴"面板中的 V1 轨道上，如图 8-73 所示。

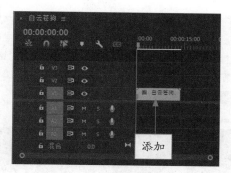

图 8-73 添加素材文件

STEP 03 选择 V1 轨道上的素材文件，切换至"效果控件"面板，设置"缩放"为 98，如图 8-74 所示。

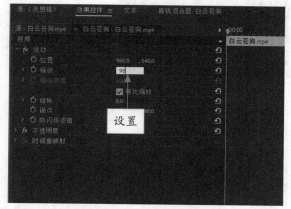

图 8-74 设置"缩放"参数

STEP 04 设置视频缩放效果后，在"节目监视器"面板中查看素材画面，如图 8-75 所示。

图 8-75 查看素材画面

STEP 05 将"音乐 11.mp3"素材文件添加到"时间轴"面板中的 A1 轨道上，在工具箱中选取"剃刀工具" ◆，如图 8-76 所示。

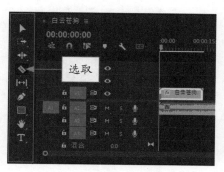

图 8-76 选取"剃刀工具"

STEP 06 拖曳时间指示器至 00:00:14:00 的位置，将鼠标指针移至 A1 轨道上时间指示器的位置并单击，如图 8-77 所示。

图 8-77 在相应位置单击

STEP 07 执行操作后，即可分割相应的素材文件，如图 8-78 所示。

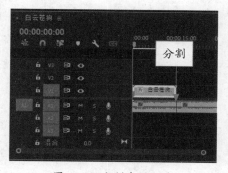

图 8-78 分割素材文件

STEP 08 在工具箱中选取"选择工具" ▶，选择 A1 轨道上的第二段音频素材文件，按 Delete 键删除素材文件，如图 8-79 所示。

STEP 09 选择 A1 轨道上的素材，❶在"效果"面板中展开"音频效果"|"降杂/恢复"选项；❷双击"降噪"选项，如图 8-80 所示。

图 8-79　删除素材文件

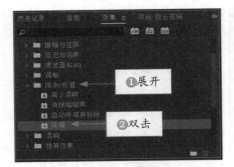

图 8-80　双击"降噪"选项

STEP 10 执行操作后，即可为选择的素材添加"降噪"音频效果，在"效果控件"面板中展开"降噪"选项，单击"自定义设置"选项右侧的"编辑"按钮，如图 8-81 所示。

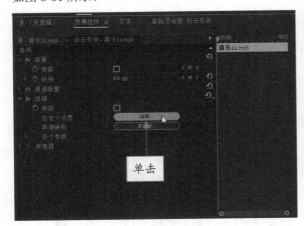

图 8-81　单击"编辑"按钮

▶ 专家指点

　　用户在编辑摄像机拍摄的素材时，常常会出现一些电流的声音，此时便可以通过添加"降噪"特效来消除这些噪声。

STEP 11 弹出"剪辑效果编辑器"对话框，调整参数：❶设置"数量"为 20%；❷设置"增益"为 4dB，如图 8-82 所示。单击"关闭"按钮，关闭对话框。在"节目监视器"面板中单击"播放 - 停止切换"按钮▶，试听降噪效果。

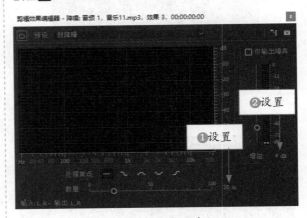

图 8-82　设置相应参数

▶ 专家指点

　　用户也可以在"效果控件"面板中展开"各个参数"选项，在"数量"与"补充增益"选项的右侧输入数字，即可设置降噪参数，如图 8-83 所示。

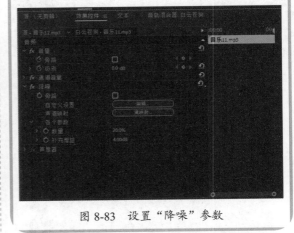

图 8-83　设置"降噪"参数

8.5.2　延迟特效：制作朗朗晴空音频效果

　　在 Premiere Pro 2023 中，"延迟"音频效果是一种常用的室内声音特效。下面将介绍制作延迟特效的操作方法。

素材文件	素材 \ 第 8 章 \8.5.2\ 朗朗晴空 .prproj
效果文件	效果 \ 第 8 章 \8.5.2\ 朗朗晴空 .prproj
视频文件	视频 \ 第 8 章 \8.5.2　延迟特效：制作朗朗晴空音频效果 .mp4

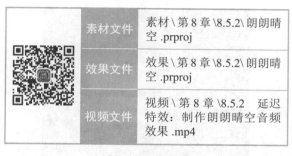

【操练 + 视频】

——延迟特效：制作朗朗晴空音频效果

STEP 01 按 Ctrl + O 组合键，打开项目文件，如图 8-84 所示。

图 8-84　打开项目文件

STEP 02 在"项目"面板中选择"朗朗晴空 .mp4"素材文件，将其添加到"时间轴"面板中的 V1 轨道上，如图 8-85 所示。

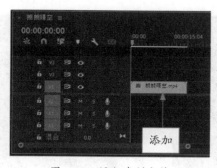

图 8-85　添加素材文件

STEP 03 选择 V1 轨道上的素材文件，切换至"效果控件"面板，设置"缩放"为 110.0，调整画面大小。在"节目监视器"面板中可以查看素材画面，如图 8-86 所示。

STEP 04 将"音乐 12.mp3"素材添加到"时间轴"面板中的 A1 轨道上，如图 8-87 所示。

图 8-86　查看素材画面

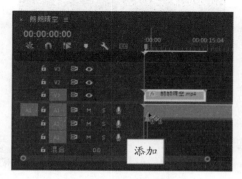

图 8-87　添加素材文件

STEP 05 拖曳时间指示器至 00:00:10:00 的位置，如图 8-88 所示。

图 8-88　拖曳时间指示器

STEP 06 使用"剃刀工具"分割 A1 轨道上的音频素材文件，如图 8-89 所示。

STEP 07 在工具箱中选取"选择工具"，选择 A1 轨道上的第二段音频素材文件，按 Delete 键删除素材文件，如图 8-90 所示。

图 8-89　分割素材文件

图 8-90　删除素材文件

STEP 08 将鼠标指针移至"朗朗晴空 .mp4"素材
文件的结尾处，按住鼠标左键拖动，调整素材文件
的持续时间与音频素材的持续时间一致，如图 8-91
所示。

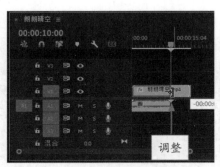

图 8-91　调整素材文件的持续时间

STEP 09 选择 A1 轨道上的素材文件，①在"效果"
面板中展开"音频效果"｜"延迟与回声"选项；
②双击"延迟"选项，如图 8-92 所示，即可为素材
添加"延迟"音频效果。

STEP 10 拖曳时间指示器至开始位置，①在"效果
控件"面板中展开"延迟"选项；②单击"旁路"
选项左侧的"切换动画"按钮；③选中"旁路"
复选框，如图 8-93 所示，即可添加第一个关键帧。

图 8-92　双击"延迟"选项

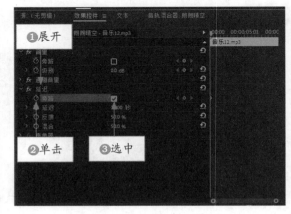

图 8-93　添加第一个关键帧

STEP 11 将时间指示器拖曳至 00:00:06:00 的位置，
取消选中"旁路"复选框，如图 8-94 所示，此时在
时间线的位置会自动添加第二个关键帧。

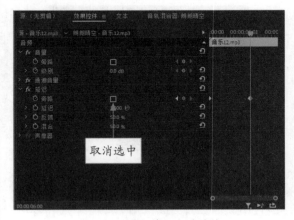

图 8-94　添加第二个关键帧

STEP 12 拖曳时间指示器至 00:00:10:00 的位置，再
次选中"旁路"复选框，如图 8-95 所示。执行操作
后即可添加第三个关键帧，单击"播放 - 停止切换"
按钮，试听延迟效果。

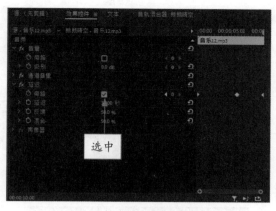

图 8-95　添加第三个关键帧

> **专家指点**
>
> 　　声音是以一定的速度进行传播的，当遇到障碍物后就会反射回来，与原声之间形成差异。在前期录音或后期制作中，用户可以利用延时器来模拟不同的延时时间的反射声，从而造成一种空间感。运用"延迟"特效可以为音频素材添加一个回声效果，回声的长度可根据需要进行设置。

8.5.3　混响特效：制作滚滚流云音频效果

　　在 Premiere Pro 2023 中，"混响"特效可以模拟房间内部的声波传播方式，是一种室内回声效果，能够体现出宽阔回声的真实效果。下面介绍制作混响特效的操作方法。

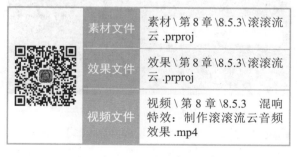

素材文件	素材\第 8 章\8.5.3\滚滚流云.prproj
效果文件	效果\第 8 章\8.5.3\滚滚流云.prproj
视频文件	视频\第 8 章\8.5.3　混响特效：制作滚滚流云音频效果.mp4

【操练 + 视频】
——混响特效：制作滚滚流云音频效果

STEP 01　按 Ctrl + O 组合键，打开项目文件，如图 8-96 所示。

STEP 02　在"项目"面板中选择"滚滚流云.mov"素材文件，将其添加到"时间轴"面板中的 V1 轨道上，如图 8-97 所示。

图 8-96　打开项目文件

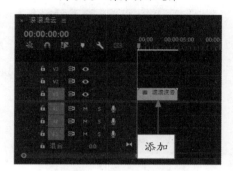

图 8-97　添加视频素材文件

STEP 03　选择 V1 轨道上的素材文件，切换至"效果控件"面板，设置"缩放"为 105.0。在"节目监视器"面板中可以查看素材画面，如图 8-98 所示。

图 8-98　查看素材画面

STEP 04　将"音乐 13.mp3"素材添加到"时间轴"面板中的 A1 轨道上，如图 8-99 所示。

STEP 05　拖曳时间指示器至 00:00:04:20 的位置，如图 8-100 所示。

STEP 06　使用"剃刀工具"分割 A1 轨道上的素材文件，运用"选择工具"选择 A1 轨道上的第二段音频素材文件，按 Delete 键删除素材文件，如图 8-101 所示。

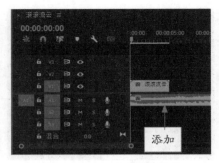

图 8-99　添加音频素材文件

图 8-100　拖曳时间指示器

图 8-101　删除素材文件

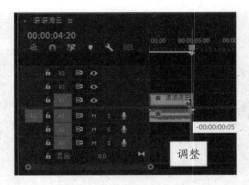

图 8-102　调整素材文件的持续时间

图 8-103　双击"室内混响"选项

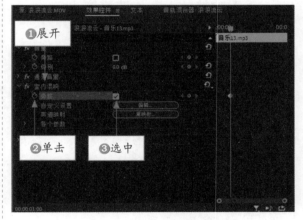

图 8-104　添加第一个关键帧

STEP 07 将鼠标指针移至"滚滚流云 .mov"素材文件的结尾处，按住鼠标左键拖动，调整素材文件的持续时间与音频素材的持续时间一致，如图 8-102 所示。

STEP 08 选择 A1 轨道上的素材文件，在"效果"面板中展开"音频效果"|"混响"选项，双击"室内混响"选项，如图 8-103 所示，即可为选择的素材添加"室内混响"音频效果。

STEP 09 拖曳时间指示器至 00:00:01:00 的位置，❶在"效果控件"面板中展开"室内混响"选项；❷单击"旁路"选项左侧的"切换动画"按钮○；❸选中"旁路"复选框，如图 8-104 所示，即可添加第一个关键帧。

STEP 10 拖曳时间指示器至 00:00:04:00 的位置，取消选中"旁路"复选框，即可添加第二个关键帧，如图 8-105 所示。单击"播放 - 停止切换"按钮▶，试听混响特效。

"室内混响"选项区中各主要参数项作用如下。

❶ 低频剪切：限制混响的最低频率。

❷ 高频剪切：限制混响的最高频率。

❸ 宽度：控制立体声声道之间的扩展。

④ 扩散：模拟混响信号在室内墙壁等表面上反射时的吸收。值越低，回声越多。

⑤ 阻尼：调整应用于高频混响信号的衰减量，高百分比的混响音调更温和。

⑥ 衰减：调整混响衰减量。

⑦ 早反射：控制先听到的回声的百分比，模拟声音在不同空间大小下的感觉。值过高会导致失真，值过低模拟效果不佳。

⑧ 干输出电平：设置源音频在输出中所占的百分比。

⑨ 湿输出电平：设置混响在输出中所占的百分比。

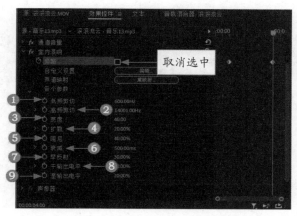

图 8-105　添加第二个关键帧

8.5.4 消除齿音：过滤特定频率范围外的声音

在 Premiere Pro 2023 中，"消除齿音"特效主要是用来过滤特定频率范围外的一切声音。下面介绍制作消除齿音特效的操作方法。

	素材文件	素材\第8章\8.5.4\音乐14.prproj
	效果文件	效果\第8章\8.5.4\音乐14.prproj
	视频文件	视频\第8章\8.5.4　消除齿音：过滤特定频率范围外的声音.mp4

【操练 + 视频】
——消除齿音：过滤特定频率范围外的声音

STEP 01 按 Ctrl + O 组合键，打开项目文件，如图 8-106 所示。

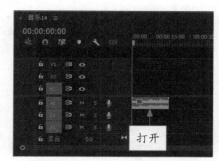

图 8-106　打开项目文件

STEP 02 在"效果"面板中，❶展开"振幅与压限"选项；❷选择"消除齿音"音频效果，如图 8-107 所示。

图 8-107　选择"消除齿音"音频效果

STEP 03 按住鼠标左键，将其拖曳至 A1 轨道的音频素材上，释放鼠标，即可添加音频效果，如图 8-108 所示。

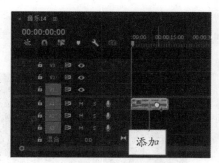

图 8-108　添加音频效果

STEP 04 在"效果控件"面板中展开"消除齿音"
选项，选中"旁路"复选框，如图 8-109 所示。
执行上述操作后，即可完成"消除齿音"特效
的制作。

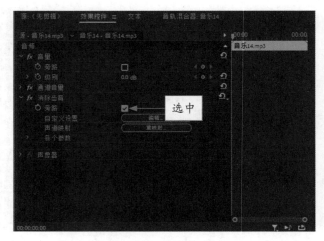

图 8-109　选中复选框

8.6　制作其他音频特效

在了解了一些常用的音频效果后，接下来将学习如何制作一些并不常用的音频效果，如模拟延迟特效、
自动咔嗒声移除特效、低通特效以及高音特效等。

8.6.1　合成特效：让音频内容更加丰富

对于仅包含单一乐器音或语音的音频信号来说，运用"合成"特效可以取得较好的效果。下面介绍制
作合成特效的操作方法。

素材文件	素材 \ 第 8 章 \8.6.1\ 音乐 15.prproj
效果文件	效果 \ 第 8 章 \8.6.1\ 音乐 15.prproj
视频文件	视频 \ 第 8 章 \8.6.1　合成特效：让音频内容更加丰富 .mp4

【操练 + 视频】——合成特效：让音频内容更加丰富

STEP 01 按 Ctrl ＋ O 组合键，打开项目文件，如图 8-110 所示。
STEP 02 在"效果"面板中，❶展开"音频效果"|"延迟与回声"选项；❷选择"模拟延迟"选项，如图 8-111
所示。

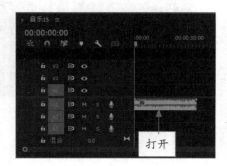

图 8-110　打开项目文件　　　　图 8-111　选择"模拟延迟"选项

STEP 03 按住鼠标左键，并将其拖曳至 A1 轨道的音频素材上，释放鼠标，即可添加合成特效，如图 8-112 所示。

图 8-112　添加合成特效

STEP 04 在"效果控件"面板中展开"模拟延迟"特效，单击"自定义设置"选项右侧的"编辑"按钮，如图 8-113 所示。

图 8-113　单击"编辑"按钮

STEP 05 弹出"剪辑效果编辑器"对话框，设置"湿输出"为 30%，"劣音"为 90%，"延迟"为 100ms，如图 8-114 所示，关闭对话框，单击"播放 - 停止切换"按钮▶，试听合成效果。

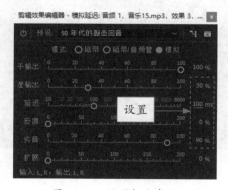

图 8-114　设置相应参数

8.6.2　反转特效：制作波光粼粼音频效果

在 Premiere Pro 2023 中，"反转"特效可以模拟房间内部的声音情况，能表现出宽阔、真实的效果。下面介绍制作反转特效的操作方法。

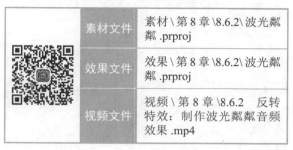

素材文件	素材 \ 第 8 章 \8.6.2\ 波光粼粼 .prproj
效果文件	效果 \ 第 8 章 \8.6.2\ 波光粼粼 .prproj
视频文件	视频 \ 第 8 章 \8.6.2　反转特效：制作波光粼粼音频效果 .mp4

【操练 + 视频】
——反转特效：制作波光粼粼音频效果

STEP 01 按 Ctrl + O 组合键，打开项目文件，如图 8-115 所示。

图 8-115　打开项目文件

STEP 02 在"项目"面板中选择"波光粼粼 .mp4"素材文件，将其添加到"时间轴"面板中的 V1 轨道上，如图 8-116 所示。

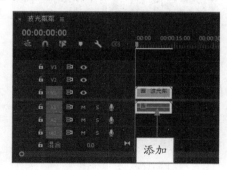

图 8-116　添加素材文件

STEP 03 选择 V1 轨道上的素材文件，分离视频与音频素材文件，并删除分离的音频素材文件。执行上述操作后，在"节目监视器"面板中可以查看素材画面，如图 8-117 所示。

图 8-117　查看素材画面

STEP 04 将"音乐 16.mp3"素材添加到"时间轴"面板中的 A1 轨道上，如图 8-118 所示。

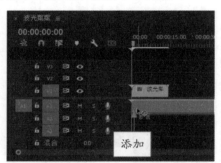

图 8-118　添加素材文件

STEP 05 调整时间指示器至 00:00:14:10 的位置，使用"剃刀工具" 分割 A1 轨道上的素材文件，如图 8-119 所示。

图 8-119　分割素材文件

STEP 06 在工具箱中选取"选择工具" ，选择

A1 轨道上的第二段音频素材文件，按 Delete 键删除素材文件。选择 A1 轨道上的第一段音频素材文件，如图 8-120 所示。

图 8-120　选择第一段音频素材文件

STEP 07 在"效果"面板中，❶展开"音频效果"|"特殊效果"选项；❷双击"反相"选项，如图 8-121 所示，即可为选择的素材添加"反转"音频效果。

图 8-121　双击"反转"选项

STEP 08 在"效果控件"面板中，选中"旁路"复选框，如图 8-122 所示。单击"播放 - 停止切换"按钮 ，试听反转特效。

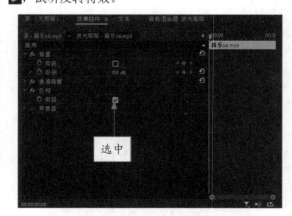

图 8-122　选中"旁路"复选框

8.6.3　低通特效：制作夕阳余晖音频效果

在 Premiere Pro 2023 中，"低通"特效主要是用于去除音频素材中的高频部分。下面介绍制作低通特效的操作方法。

素材文件	素材 \ 第 8 章 \8.6.3\ 夕阳余晖 .prproj
效果文件	效果 \ 第 8 章 \8.6.3\ 夕阳余晖 .prproj
视频文件	视频 \ 第 8 章 \8.6.3　低通特效：制作夕阳余晖音频效果 .mp4

【操练 + 视频】
——低通特效：制作夕阳余晖音频效果

STEP 01 按 Ctrl ＋ O 组合键，打开项目文件，如图 8-123 所示。

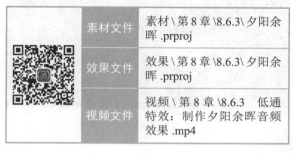

图 8-123　打开项目文件

STEP 02 在"项目"面板中选择"夕阳余晖 .mp4"素材文件，将其添加到"时间轴"面板中的 V1 轨道上，如图 8-124 所示。

图 8-124　添加素材文件

STEP 03 选择 V1 轨道上的素材文件，分离视频与音频素材文件，并删除分离的音频素材文件，执行上述操作后，在"节目监视器"面板中可以查看素材画面，如图 8-125 所示。

图 8-125　查看素材画面

STEP 04 将"音乐 17.mp3"素材添加到"时间轴"面板中的 A1 轨道上，如图 8-126 所示。

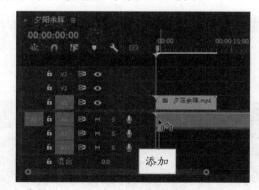

图 8-126　添加素材文件

STEP 05 拖曳时间指示器至 00:00:12:07 的位置，使用"剃刀工具" ◇ 分割 A1 轨道上的素材文件，运用"选择工具" ▶ 选择 A1 轨道上的第二段音频素材文件并删除，如图 8-127 所示。

STEP 06 选择 A1 轨道上的素材文件，在"效果"面板中展开"音频效果"|"滤波器和 EQ"选项，双击"低通"选项，如图 8-128 所示，为选择的素材添加"低通"音频效果。

图 8-127　删除素材文件

图 8-128　双击"低通"选项

STEP 07 拖曳时间指示器至开始位置，在"效果控件"面板中展开"低通"选项，单击"切断"选项左侧的"切换动画"按钮，如图 8-129 所示，添加一个关键帧。

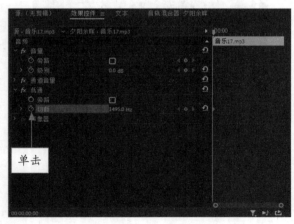

图 8-129　添加一个关键帧

STEP 08 将时间指示器拖曳至 00:00:05:00 的位置，设置"切断"为 300.0Hz，添加第二个关键帧，如图 8-130 所示。单击"播放 - 停止切换"按钮，试听低通特效。

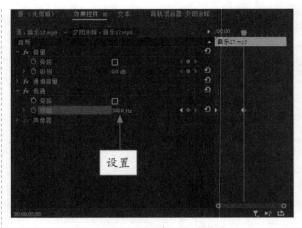

图 8-130　添加第二个关键帧

8.6.4　高通特效：去除音频素材的低频部分

在 Premiere Pro 2023 中，"高通"特效主要是用于去除音频素材中的低频部分。下面介绍制作高通特效的操作方法。

	素材文件	素材\第 8 章\8.6.4\音乐 18 .prproj
	效果文件	效果\第 8 章\8.6.4\音乐 18 .prproj
	视频文件	视频\第 8 章\8.6.4　高通特效：去除音频素材的低频部分 .mp4

【操练 + 视频】
——高通特效：去除音频素材的低频部分

STEP 01 按 Ctrl ＋ O 组合键，打开一个项目文件，如图 8-131 所示。

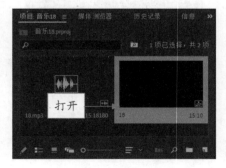

图 8-131　打开项目文件

STEP 02 在"效果"面板中，展开"音频效果"|"滤波器和 EQ"选项，选择"高通"选项，如图 8-132 所示。

图 8-132　选择"高通"选项

STEP 03 按住鼠标左键，将其拖曳至 A1 轨道的音频素材上，释放鼠标，即可添加"高通"特效，如图 8-133 所示。

图 8-133　添加"高通"特效

STEP 04 在"效果控件"面板中，设置"切断"为 3500.0Hz，设置音量通道的上限值，如图 8-134 所示。执行操作后，即可制作高通特效。

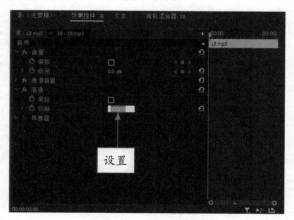

图 8-134　设置参数

8.6.5　高音特效：处理音频素材的高音部分

在 Premiere Pro 2023 中，"高音"特效用于对素材音频中的高音部分进行处理，可以增加或者衰减重音部分，同时又不影响素材的其他音频部分。下面介绍制作高音特效的操作方法。

	素材文件	素材 \ 第 8 章 \8.6.5\ 音乐 19 .prproj
	效果文件	效果 \ 第 8 章 \8.6.5\ 音乐 19 .prproj
	视频文件	视频 \ 第 8 章 \8.6.5　高音特效：处理音频素材的高音部分 .mp4

【操练 + 视频】
——高音特效：处理音频素材的高音部分

STEP 01 按 Ctrl + O 组合键，打开项目文件，如图 8-135 所示。

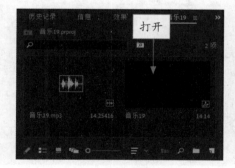

图 8-135　打开项目文件

STEP 02 在"效果"面板中展开"音频效果"|"滤波器和 EQ"选项，选择"高音"选项，如图 8-136 所示。

图 8-136　选择"高音"选项

STEP 03 按住鼠标左键，将其拖曳至 A1 轨道的音频素材上，释放鼠标，即可添加"高音"特效，如图 8-137 所示。

图 8-137　添加"高音"特效

STEP 04 在"效果控件"面板中，设置"增加"为 20.0dB，如图 8-138 所示。执行操作后，即可制作高音特效。

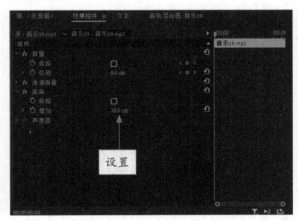

图 8-138　设置参数

8.6.6　低音特效：对音频素材进行调整

在 Premiere Pro 2023 中，"低音"特效主要是用于增加或减少低音频率。下面介绍制作低音特效的操作方法。

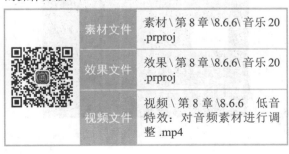

素材文件	素材＼第 8 章 ＼8.6.6＼音乐 20 .prproj
效果文件	效果＼第 8 章 ＼8.6.6＼音乐 20 .prproj
视频文件	视频＼第 8 章 ＼8.6.6　低音特效：对音频素材进行调整 .mp4

【操练＋视频】
——低音特效：对音频素材进行调整

STEP 01 按 Ctrl ＋ O 组合键，打开项目文件，如图 8-139 所示。

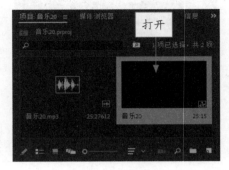

图 8-139　打开项目文件

STEP 02 在"效果"面板中，展开"音频效果"|"滤波器和 EQ"选项，选择"低音"选项，如图 8-140 所示。

图 8-140　选择"低音"选项

STEP 03 按住鼠标左键，将其拖曳至 A1 轨道的音频素材上，释放鼠标，即可添加"低音"特效，如图 8-141 所示。

图 8-141　添加"低音"特效

STEP 04 在"效果控件"面板中展开"低音"选项，

设置"增加"为 -10.0dB，如图 8-142 所示。执行操作后，即可制作低音特效。

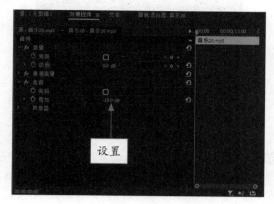

图 8-142　设置参数

8.6.7　降噪特效：消除无声音频背景噪声

在 Premiere Pro 2023 中，"自动咔嗒声移除"特效可以消除音频中无声部分的背景噪声。下面介绍制作降噪特效的操作方法。

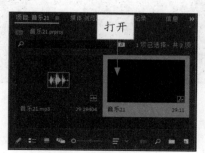

素材文件	素材 \ 第 8 章 \8.6.7\ 音乐 21 .prproj
效果文件	效果 \ 第 8 章 \8.6.7\ 音乐 21 .prproj
视频文件	视频 \ 第 8 章 \8.6.7　降噪特效：消除无声音频背景噪声 .mp4

【操练 + 视频】
——降噪特效：消除无声音频背景噪声

STEP 01 按 Ctrl + O 组合键，打开项目文件，如图 8-143 所示。

图 8-143　打开项目文件

STEP 02 在"效果"面板中，❶展开"音频效果"|"降杂 / 恢复"选项；❷选择"自动咔嗒声移除"选项，如图 8-144 所示。

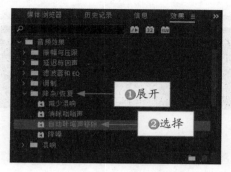

图 8-144　选择"自动咔嗒声移除"选项

STEP 03 按住鼠标左键，将其拖曳至 A1 轨道的音频素材上，释放鼠标，即可添加降噪特效，如图 8-145 所示。

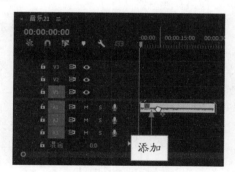

图 8-145　添加降噪特效

STEP 04 在"效果控件"面板中，单击"自定义设置"选项右侧的"编辑"按钮，如图 8-146 所示。

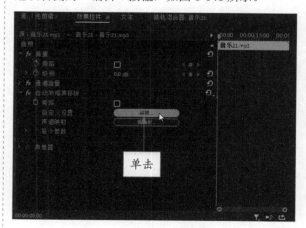

图 8-146　单击"编辑"按钮

STEP 05 弹出"剪辑效果编辑器"对话框,设置"阈值"为15.0,"复杂性"为28.0,调整降噪强度和广度,如图8-147所示。执行操作后,即可制作降噪特效。

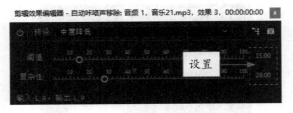

图 8-147　设置参数

8.6.8　互换通道:制作霞光万道音频效果

在 Premiere Pro 2023 中,"互换通道"音频效果的主要功能是将声道的相位进行反转。下面介绍制作互换通道音频效果的操作方法。

素材文件	素材\第8章\8.6.8\霞光万道.prproj
效果文件	效果\第8章\8.6.8\霞光万道.prproj
视频文件	视频\第8章\8.6.8　互换通道:制作霞光万道音频效果.mp4

【操练+视频】
——互换通道:制作霞光万道音频效果

STEP 01 按 Ctrl + O 组合键,打开一个项目文件,如图8-148所示。

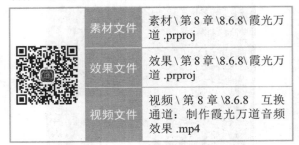

图 8-148　打开项目文件

STEP 02 在"项目"面板中选择"霞光万道.mp4"素材文件,将其添加到"时间轴"面板中的 V1 轨道上,如图8-149所示。

图 8-149　添加素材文件

STEP 03 选择 V1 轨道上的素材文件,切换至"效果控件"面板,设置"缩放"为105.0,在"节目监视器"面板中可以查看素材画面,如图8-150所示。

图 8-150　查看素材画面

STEP 04 将"音乐22.mp3"素材添加到"时间轴"面板的 A1 轨道上,如图8-151所示。

图 8-151　添加素材文件

STEP 05 拖曳时间指示器至00:00:22:00的位置,使用"剃刀工具" 分割 A1 轨道上的素材文件,运用"选择工具" 选择 A1 轨道上的第二段音频素材文件并删除，然后选择 A1 轨道上的第一段音频素材文件，如图 8-152 所示。

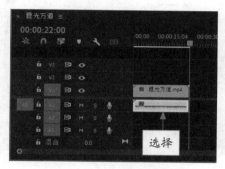

图 8-152　选择素材文件

STEP 06　在"效果"面板中，展开"音频效果"|"特殊效果"选项，双击"互换通道"选项，如图 8-153 所示，即可为选择的素材添加"互换通道"音频效果。

图 8-153　双击"互换声道"选项

STEP 07　拖曳时间指示器至开始位置，在"效果控件"面板中，❶展开"互换通道"选项；❷单击"旁路"选项左侧的"切换动画"按钮，❸添加第一个关键帧，如图 8-154 所示。

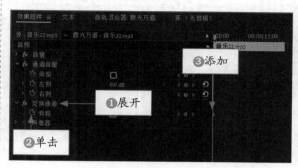

图 8-154　添加第一个关键帧

STEP 08　❶拖曳时间指示器至 00:00:10:00 的位置；❷选中"旁路"复选框；❸此时系统会自动添加第二个关键帧，如图 8-155 所示。单击"播放 - 停止切换"按钮，试听互换通道特效。

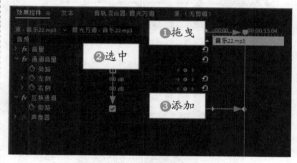

图 8-155　添加第二个关键帧

第9章

视频合成：制作视频的覆叠特效

章前知识导读

　　覆叠特效是 Premiere Pro 2023 提供的一种视频编辑方法，它将视频素材添加到视频轨道中之后，可以对视频素材的大小、位置以及透明度等属性进行调节，从而产生视频叠加效果。本章主要介绍影视覆叠特效的制作方法。

新手重点索引

- 认识 Alpha 通道与遮罩
- 制作其他透明叠加效果
- 制作常用透明叠加效果

效果图片欣赏

9.1　认识 Alpha 通道与遮罩

Alpha 通道是图像额外的灰度图层，利用 Alpha 通道可以将视频轨道中的图像、文字等素材与其他视频轨道中的素材进行组合。本节主要介绍 Premiere Pro 2023 中的 Alpha 通道与遮罩特效。

9.1.1　Alpha 通道

通道就如同摄影胶片一样，主要作用是记录图像内容和颜色信息。随着图像的颜色模式改变，通道的数量也会改变。

在 Premiere Pro 2023 中，颜色主要以 RGB 模式为主，Alpha 通道可以把所需要的图像分离出来，让画面达到最佳的透明效果。为了更好地理解通道，接下来将通过同样由 Adobe 公司开发的 Photoshop 来进行介绍。

启动 Photoshop 软件后，打开一幅 RGB 模式的图像。选择"窗口"|"通道"命令，展开 RGB 颜色模式下的"通道"面板，此时"通道"面板中除了 RGB 混合通道外，还分别有红、绿、蓝 3 个专色通道，如图 9-1 所示。

当用户打开一幅颜色模式为 CMYK 的素材图像时，在"通道"面板中，专色通道将变为青色、洋红、黄色以及黑色，如图 9-2 所示。

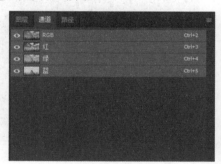
图 9-1　RGB 素材图像的通道

图 9-2　CMYK 素材图像的通道

9.1.2　视频叠加：制作黄沙漫天视频效果

在 Premiere Pro 2023 中，一般情况下，利用通道进行视频叠加的方法很简单，用户可以根据需要运用 Alpha 通道进行视频叠加。Alpha 通道信息都是静止的图像信息，因此需要运用 Photoshop 这一类图像编辑软件来生成带有通道信息的图像文件。

在创建完带有通道信息的图像文件后，接下来只需要将带有 Alpha 通道信息的文件拖入到 Premiere Pro 2023 项目文件的"时间轴"面板的视频轨道上，视频轨道中层级较低的画面内容将自动透过 Alpha 通道显示出来。下面介绍制作视频叠加效果的操作方法。

素材文件	素材 \ 第 9 章 \9.1.2\ 黄沙漫天 .prproj
效果文件	效果 \ 第 9 章 \9.1.2\ 黄沙漫天 .prproj
视频文件	视频 \ 第 9 章 \9.1.2　视频叠加：制作黄沙漫天视频效果 .mp4

【操练＋视频】
——视频叠加：制作黄沙漫天视频效果

STEP 01 按 Ctrl ＋ O 组合键，打开项目文件，效果如图 9-3 所示。

图 9-3　打开的项目文件效果

STEP 02 在"项目"面板中将素材分别添加至 V1 和 V2 轨道上（拖动控制条可以调整视图），选择 V1 轨道上的素材，在"效果控件"面板中，展开"运动"选项，设置"缩放"为 110，调整画面大小，如图 9-4 所示。

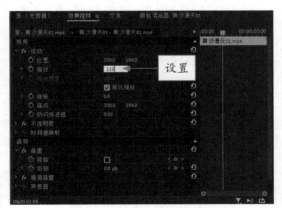

图 9-4　设置"缩放"参数

STEP 03 在"效果"面板中，展开"视频效果"|"键控"选项，选择"Alpha 调整"视频效果，如图 9-5

所示，按住鼠标左键，将其拖曳至 V2 轨道的素材上，即可添加"Alpha 调整"视频效果。

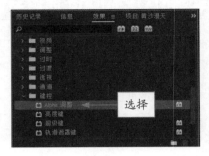

图 9-5　添加"Alpha 调整"视频效果

STEP 04 将当前时间指示器移至开始位置，在"效果控件"面板中，单击"不透明度""反转 Alpha"和"仅蒙版"3 个选项左侧的"切换动画"按钮■，即可添加第一组关键帧，如图 9-6 所示。

图 9-6　添加第一组关键帧

STEP 05 将当前时间指示器拖曳至 00:00:02:10 的位置，设置"不透明度"为 50.0%，选中"仅蒙版"复选框，添加第二组关键帧，如图 9-7 所示。

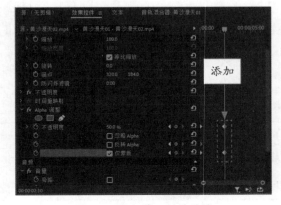

图 9-7　添加第二组关键帧

STEP 06 设置完成后，将当前时间指示器移至素材的开始位置，在"节目监视器"面板中单击"播放 - 停止切换"按钮 ▶，即可预览视频叠加后的效果，如图 9-8 所示。

图 9-8　预览视频叠加后的效果

9.1.3　了解遮罩的类型

遮罩能够根据自身灰阶的不同，有选择地隐藏素材画面中的内容。在 Premiere Pro 2023 中，遮罩的作用主要是用来隐藏顶层素材画面中的部分内容，并显示下一层画面的内容。

1. 无用信号遮罩

无用信号遮罩是运用多个遮罩点，并在素材画面中连成一个固定的区域，用来隐藏画面中的部分图像。它主要是针对视频图像的特定键进行处理。

系统提供了 4 点、8 点以及 16 点无信号遮罩特效。

2. 色度键

"色度键"特效用于将图像上的某种颜色及其相似范围的颜色设定为透明，从而可以看见底层的图像。"色度键"特效的作用是利用颜色来制作遮罩效果，这种特效多运用于画面中有大量近似色的素材中。

3. 亮度键

"亮度键"特效用于将叠加图像的灰度值设置为透明。"亮度键"是用来去除素材画面中较暗的部分图像，所以该特效常运用于画面明暗差异化特别明显的素材中。

4. 非红色键

"非红色键"特效与"蓝屏键"特效的效果类似，其区别在于蓝屏键去除的是画面中的蓝色图像，而非红色键不仅可以去除蓝色背景，还可以去除绿色背景。

5. 图像遮罩键

"图像遮罩键"特效可以用一幅静态的图像作蒙版。在 Premiere Pro 2023 中，"图像遮罩键"特效是将素材作为划定遮罩的范围，或者为图像导入一张带有 Alpha 通道的图像素材来指定遮罩的范围。

6. 差异遮罩键

"差异遮罩键"特效可以将两个图像的相同区域进行叠加。"差异遮罩键"特效主要用于对比两个图像，并去除画面中的相似部分，最终只留下有差异的图像内容。

7. 颜色键

"颜色键"可以为素材进行边缘预留设置，制作出类似描边的效果。"颜色键"特效主要运用于大量相似色的素材画面中，其作用是隐藏素材画面中指定的色彩范围。

9.2　制作常用透明叠加效果

在 Premiere Pro 2023 中可以通过对素材透明度的设置，制作出各种透明混合叠加的效果。透明度叠

加是将一个素材的部分画面显示在另一个素材画面上，利用半透明的画面来呈现下一张画面。本节主要介绍常用透明叠加效果的制作方法。

9.2.1 叠加透明度：制作湖绿水暖视频效果

在 Premiere Pro 2023 中，用户可以直接在"效果控件"面板中降低或提高素材的透明度，这样可以让两个轨道的素材同时显示在画面中。下面介绍具体的操作方法。

素材文件	素材\第9章\9.2.1\湖绿水暖.prproj
效果文件	效果\第9章\9.2.1\湖绿水暖.prproj
视频文件	视频\第9章\9.2.1　叠加透明度：制作湖绿水暖视频效果.mp4

【操练 + 视频】
——叠加透明度：制作湖绿水暖视频效果

STEP 01 按 Ctrl ＋ O 组合键，打开项目文件，效果如图 9-9 所示。

图 9-9　打开的项目文件效果

STEP 02 在 V2 轨道上，选择视频素材，如图 9-10所示。

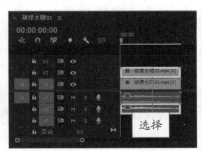

图 9-10　选择视频素材

STEP 03 在"效果控件"面板中，❶展开"不透明度"选项；❷单击"不透明度"选项左侧的"切换动画"按钮，如图 9-11 所示，即可添加第一个关键帧。

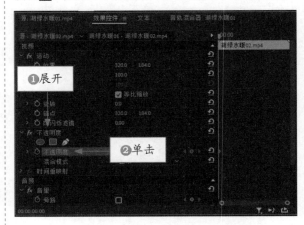

图 9-11　添加第一个关键帧

STEP 04 ❶拖曳当前时间指示器至 00:00:02:00 的位置；❷设置"不透明度"为 50.0%，使画面变透明，如图 9-12 所示，即可添加第二个关键帧。

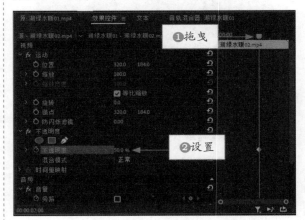

图 9-12　添加第二个关键帧

▶ **专家指点**

在 Premiere Pro 2023 的"效果控件"面板中，通过拖曳当前时间指示器调整时间线位置不准确时，在"播放指示器位置"文本框中输入需要调整的时间参数，即可精准快速调整到时间线位置。

STEP 05 设置完成后，将当前时间指示器移至素材的开始位置，在"节目监视器"面板中，单击"播放-停止切换"按钮，预览透明度叠加效果，如图 9-13所示。

图 9-13　预览透明度叠加效果

9.2.2　透明叠加：制作花团锦簇
　　　　视频效果

在 Premiere Pro 2023 中，用户可以运用"颜色键"特效制作出一些比较特别的叠加效果。下面介绍如何使用颜色键来制作特殊效果。

素材文件	素材 \ 第 9 章 \9.2.2\ 花团锦簇 .prproj	
效果文件	效果 \ 第 9 章 \9.2.2\ 花团锦簇 .prproj	
视频文件	视频 \ 第 9 章 \9.2.2　透明叠加：制作花团锦簇视频效果 .mp4	

【操练 + 视频】
——透明叠加：制作花团锦簇视频效果

STEP 01　按 Ctrl + O 组合键，打开项目文件，效果如图 9-14 所示。

图 9-14　打开的项目文件效果

STEP 02　在"效果"面板中，选择"颜色键"选项，如图 9-15 所示。

图 9-15　选择"颜色键"选项

STEP 03　按住鼠标左键，将其拖曳至 V2 轨道的素材图像上，添加"颜色键"视频效果，如图 9-16 所示。

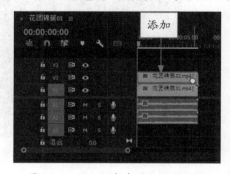

图 9-16　添加"颜色键"视频效果

STEP 04　在"效果控件"面板中，设置"主要颜色"为黑色（RGB 参数值为 22，25，7），"颜色容差"为 100，调整"颜色键"效果参数，如图 9-17 所示。

STEP 05 执行上述操作后，即可运用"颜色键"叠加素材，效果如图 9-18 所示。

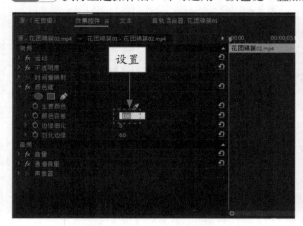

图 9-17　调整"颜色键"效果参数　　　　　　图 9-18　运用"颜色键"叠加素材效果

9.2.3　亮度键：抠出图层中的黑色区域

在 Premiere Pro 2023 中，"亮度键"用来抠出图层中指定亮度的所有区域。下面将介绍添加"亮度键"特效，去除背景中黑色区域的操作方法。

<table>
<tr><td rowspan="3"></td><td>素材文件</td><td>无</td></tr>
<tr><td>效果文件</td><td>效果 \ 第 9 章 \9.2.3\ 花团锦簇 .prproj</td></tr>
<tr><td>视频文件</td><td>视频 \ 第 9 章 \9.2.3　亮度键：抠出图层中的黑色区域 .mp4</td></tr>
</table>

【操练＋视频】——亮度键：抠出图层中的黑色区域

STEP 01 以 9.2.2 小节中的素材为例，在"效果"面板中，选择"键控"|"亮度键"选项，如图 9-19 所示。

STEP 02 按住鼠标左键，将其拖曳至 V2 轨道的素材图像上，添加"亮度键"视频效果，如图 9-20 所示。

图 9-19　选择"亮度键"选项　　　　　图 9-20　添加"亮度键"视频效果

STEP 03 在"效果控件"面板中，设置"阈值"为 100.0%，"屏蔽度"为 30.0%，调整"亮度键"强度，如图 9-21 所示。

STEP 04 执行上述操作后，即可运用"亮度键"叠加素材，效果如图 9-22 所示。

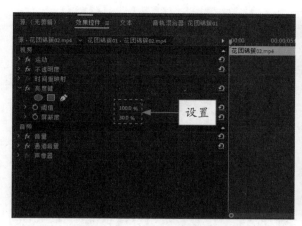

图 9-21　设置相应参数

图 9-22　运用"亮度键"叠加素材效果

9.3　制作其他透明叠加效果

在 Premiere Pro 2023 中，除了上一节介绍的叠加方式外，还有"淡入淡出"叠加方式以及"RGB 差值键"叠加方式等，这些叠加方式都是相当实用的。本节主要介绍运用这些叠加方式的基本操作方法。

9.3.1　差值遮罩：制作隽秀亭台视频效果

在 Premiere Pro 2023 中，"差值遮罩"特效主要用于将视频素材中的一种颜色差值做透明处理。下面介绍运用差值遮罩制作视频效果的操作方法。

素材文件	素材 \ 第 9 章 \9.3.1\ 隽秀亭台 .prproj
效果文件	效果 \ 第 9 章 \9.3.1\ 隽秀亭台 .prproj
视频文件	视频 \ 第 9 章 \9.3.1　差值遮罩：制作隽秀亭台视频效果 .mp4

【操练 + 视频】——差值遮罩：制作隽秀亭台视频效果

STEP 01 按 Ctrl ＋ O 组合键，打开项目文件，效果如图 9-23 所示。

图 9-23　打开的项目文件效果

Premiere Pro 2023 全面精通
视频剪辑＋颜色调整＋转场特效＋字幕制作＋案例实战

STEP 02 在"效果"面板中展开"视频效果"|"过时"选项，选择"差值遮罩"视频效果，如图9-24所示。

图9-24 选择"差值遮罩"视频效果

STEP 03 按住鼠标左键将"差值遮罩"效果拖曳至V2轨道的素材上，添加视频效果，如图9-25所示。

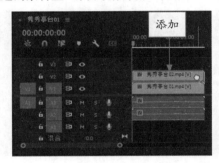

图9-25 添加视频效果

STEP 04 在"效果控件"面板中，展开"差值遮罩"选项，设置"差值图层"为"视频1"，如图9-26所示。

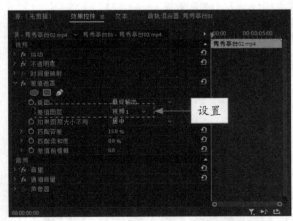

图9-26 设置相应参数

STEP 05 ❶单击"匹配容差"和"匹配柔和度"左侧的"切换动画"按钮；❷添加关键帧；❸设置"匹配容差"参数为0.0%，如图9-27所示。

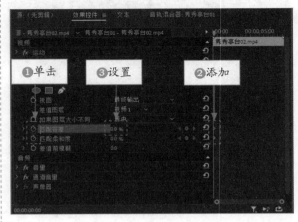

图9-27 添加第一组关键帧

STEP 06 执行上述操作后，在"效果控件"面板中设置"如果图层大小不同"为"伸缩以适合"，如图9-28所示。

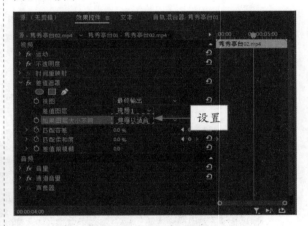

图9-28 设置相应属性

STEP 07 ❶将当前时间指示器拖曳至00:00:04:00的位置；❷设置"匹配容差"为60.0%，"匹配柔和度"为20.0%，使遮罩效果更柔和；❸再次添加关键帧，如图9-29所示。

STEP 08 设置完成后，在"节目监视器"面板中单击"播放-停止切换"按钮，即可预览制作的叠加效果，如图9-30所示。

180

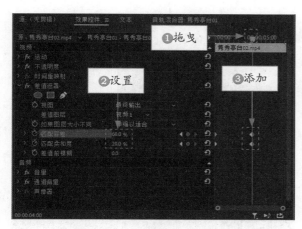

图 9-29　添加第二组关键帧

图 9-30　预览制作的叠加效果

9.3.2　淡入淡出：制作春色江南视频效果

在 Premiere Pro 2023 中，"淡入淡出"叠加效果可以对两个或两个以上的素材文件添加"不透明度"特效，并为素材添加关键帧，实现素材之间的叠加转换。下面介绍运用"淡入淡出"叠加特效的操作方法。

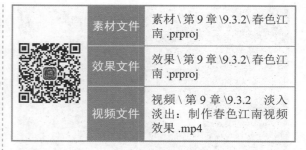

素材文件	素材\第 9 章\9.3.2\春色江南 .prproj
效果文件	效果\第 9 章\9.3.2\春色江南 .prproj
视频文件	视频\第 9 章\9.3.2　淡入淡出：制作春色江南视频效果 .mp4

【操练 + 视频】
——淡入淡出：制作春色江南视频效果

STEP 01 按 Ctrl + O 组合键，打开一个项目文件，效果如图 9-31 所示。

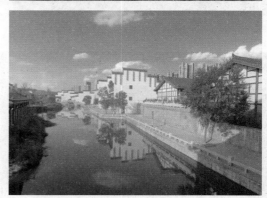

图 9-31　打开的项目文件效果

STEP 02 在"效果控件"面板中，设置 V1 轨道中的素材"缩放"为 110.0，如图 9-32 所示。

STEP 03 选择 V2 轨道中的素材，在"效果控件"面板中，❶展开"不透明度"选项；❷设置"不透明度"为 0.0%；❸添加关键帧，如图 9-33 所示。

STEP 04 ❶将当前时间指示器拖曳至 00:00:02:00 的位置；❷设置"不透明度"为 100.0%；❸添加第二个关键帧，如图 9-34 所示。

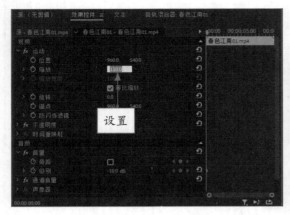

图 9-32 设置"缩放"参数

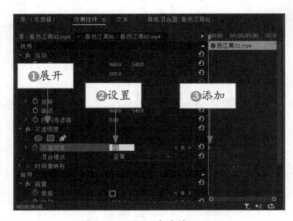

图 9-33 添加关键帧（1）

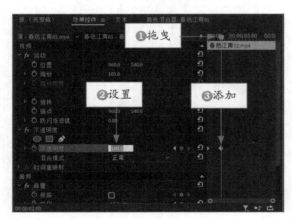

图 9-34 添加关键帧（2）

STEP 05 ❶将当前时间指示器拖曳至 00:00:09:19 的位置；❷设置"不透明度"为 0.0%；❸添加第三个关键帧，如图 9-35 所示。

STEP 06 执行上述操作后，将当前时间指示器移至素材的开始位置，在"节目监视器"面板中单击"播

放 - 停止切换"按钮▶，即可预览"淡入淡出"叠加效果，如图 9-36 所示。

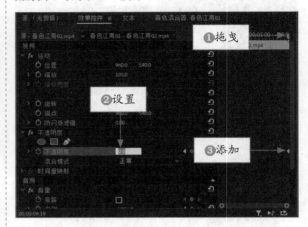

图 9-35 添加关键帧（3）

图 9-36 预览"淡入淡出"叠加效果

▶ **专家指点**

在 Premiere Pro 2023 中，淡出是指一段视频剪辑结束时由亮变暗的过程，淡入是指一段视频剪辑开始时由暗变亮的过程。"淡入淡出"叠加效果会增加影视内容本身的一些主观气氛，而不像无技巧剪接那么生硬。另外，Premiere Pro 2023 中的"淡入淡出"在影视转场特效中也被称为"溶入溶出"，或者"渐隐与渐显"。

第10章

视频运动：制作视频的动态特效

章前知识导读

　　动态效果是指在原有的视频画面中合成或创建移动、变形和缩放等运动效果。在
Premiere Pro 2023 中，为静态的素材加入适当的运动效果，可以让画面活动起来，显
得更加逼真、生动。本章主要介绍影视运动效果的制作方法与技巧，让画面效果更为
精彩。

新手重点索引

　　■ 设置运动关键帧　　　　　　　　■ 应用运动效果

　　■ 制作画中画效果

效果图片欣赏

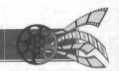

10.1　设置运动关键帧

在 Premiere Pro 2023 中，关键帧可以帮助用户控制视频或音频特效的变化，并形成一个动态的过渡效果。

10.1.1　用时间线添加关键帧

用户在"时间轴"面板中可以针对应用于素材的任意特效添加关键帧，也可以指定添加关键帧的可见性。在"时间轴"面板中为某个轨道上的素材文件添加关键帧之前，首先需要展开相应的轨道，将鼠标指针移至 V1 轨道的"切换轨道输出"按钮 👁 右侧的空白处，如图 10-1 所示。双击即可展开 V1 轨道，如图 10-2 所示。也可以按住 Ctrl 键之后向上滚动鼠标滚轮展开轨道，继续向上滚动滚轮显示关键帧控制按钮，向下滚动鼠标滚轮会最小化轨道。

图 10-1　定位鼠标

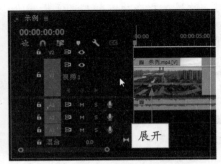

图 10-2　展开 V1 轨道

选择"时间轴"面板中的对应素材，将鼠标指针移动至素材名称左侧的"不透明度：不透明度"按钮 fx 上，单击鼠标右键，在弹出的快捷菜单中选择"运动"|"缩放"命令，如图 10-3 所示。

将鼠标指针移至连接线的合适位置，按住 Ctrl 键，当鼠标指针呈白色带"＋"符号的形状时单击，即可添加关键帧，如图 10-4 所示。

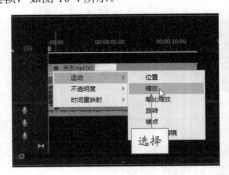

图 10-3　选择"缩放"命令

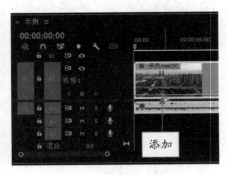

图 10-4　添加关键帧

10.1.2　用效果控件添加关键帧

在"效果控件"面板中，除了可以添加各种视频和音频特效外，还可以通过设置选项参数的方法创建关键帧。

选择"时间轴"面板中的素材，在"效果控件"面板中，单击"旋转"选项左侧的"切换动画"按钮 ，如图 10-5 所示。❶拖曳当前时间指示器至合适位置；❷设置"旋转"选项的参数，如图 10-6 所示，即可添加相应关键帧。

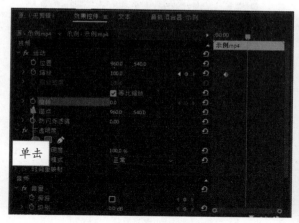

图 10-5　单击"切换动画"按钮

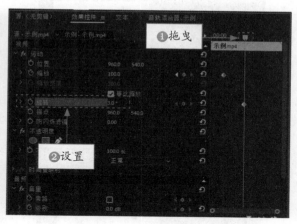

图 10-6　设置"旋转"参数

▶ 专家指点

在"时间轴"面板中可以指定展开轨道后关键帧的可见性。单击"时间轴显示设置"按钮 ，在弹出的下拉列表中选择"显示视频关键帧"选项，如图 10-7 所示。取消选中该选项，即可在"时间轴"面板中隐藏关键帧，如图 10-8 所示。

图 10-7　选择"显示视频关键帧"选项

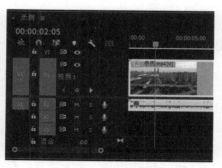

图 10-8　隐藏关键帧

10.1.3　复制和粘贴关键帧

当用户需要创建多个相同参数的关键帧时，可以使用复制与粘贴关键帧的方法快速添加关键帧。

STEP 01　在 Premiere Pro 2023 中，用户首先需要复制关键帧。选择需要复制的关键帧后，单击鼠标右键，在弹出的快捷菜单中选择"复制"命令，如图 10-9 所示。

STEP 02　❶拖曳时间指示器至合适的位置；❷在"效果控件"面板内单击鼠标右键，在弹出的快捷菜单中选择"粘贴"命令，如图 10-10 所示，执行操作后，即可复制一个相同的关键帧。

▶ 专家指点

在 Premiere Pro 2023 中，用户还可以通过以下两种方法复制和粘贴关键帧。

⚫ 选择"编辑"|"复制"命令或者按 Ctrl + C 组合键，复制关键帧。

⚫ 选择"编辑"|"粘贴"命令或者按 Ctrl + V 组合键，粘贴关键帧。

图 10-9　选择"复制"命令

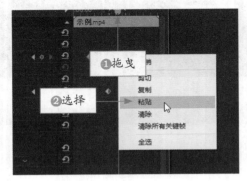

图 10-10　选择"粘贴"命令

10.1.4　切换关键帧

在 Premiere Pro 2023 中，用户可以在已添加的关键帧之间进行快速切换。

在"效果控件"面板中选择已添加关键帧的素材后，单击"转到下一关键帧"按钮▶，即可快速切换至下一关键帧，如图 10-11 所示。单击"转到上一关键帧"按钮◀，即可切换至上一关键帧，如图 10-12 所示。

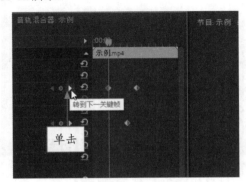

图 10-11　单击"转到下一关键帧"按钮

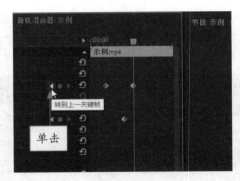

图 10-12　单击"转到上一关键帧"按钮

10.1.5　调节关键帧

用户在添加完关键帧后，可以适当调节关键帧的位置和属性，这样可以使运动效果更加流畅。在 Premiere Pro 2023 中，调节关键帧同样可以通过"时间轴"面板和"效果控件"面板两种方法来完成。

在"效果控件"面板中，选择需要调节位置的关键帧，如图 10-13 所示。按住鼠标左键将其拖曳至合适的位置，即可完成关键帧位置的调节，如图 10-14 所示。

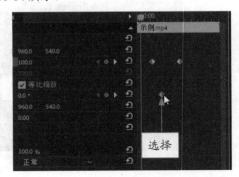

图 10-13　选择需要调节位置的关键帧

图 10-14　调节关键帧的位置

在"时间轴"面板中调节关键帧时，不仅可以调整其位置，同时可以调节其参数。当用户向上拖动关键帧，对应参数将增加，如图 10-15 所示；反之，用户向下拖动关键帧，则对应参数将减少，如图 10-16 所示。

帧不满意时，可以将其删除，并重新添加关键帧。用户在删除关键帧时，❶在"时间轴"面板中选中要删除的关键帧；❷单击鼠标右键，在弹出的快捷菜单中选择"删除"命令，即可删除关键帧，如图 10-17 所示。

图 10-15　向上拖动关键帧

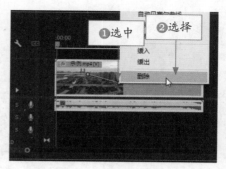

图 10-17　选择"删除"命令

如果用户需要删除素材中的所有关键帧，除了运用上述方法外，还可以直接单击"效果控件"面板中对应选项左侧的"切换动画"按钮，此时，系统将弹出信息提示框，如图 10-18 所示。单击"确定"按钮，即可删除素材中的所有关键帧。

图 10-16　向下拖动关键帧

10.1.6　删除关键帧

在 Premiere Pro 2023 中，当用户对添加的关键

图 10-18　信息提示框

10.2　应用运动效果

通过对关键帧的学习，用户已经了解运动效果的基本原理了。在本节中可以从制作运动效果的一些基本操作开始学习，并逐渐熟练掌握各种运动特效的制作方法。

10.2.1　飞行特效：制作枫林如火视频效果

在制作运动特效的过程中，用户可以通过设置"位置"参数实现镜头飞过的画面效果。下面介绍具体的操作方法。

素材文件	素材 \ 第 10 章 \10.2.1\ 枫林如火 .prproj
效果文件	效果 \ 第 10 章 \10.2.1\ 枫林如火 .prproj
视频文件	视频 \ 第 10 章 \10.2.1　飞行特效：制作枫林如火视频效果 .mp4

【操练 + 视频】
——飞行特效：制作枫林如火视频效果

STEP 01 按 Ctrl + O 组合键，打开项目文件，效果如图 10-19 所示。

图 10-19　打开的项目文件效果

STEP 02 选择 V2 轨道上的素材文件，在"效果控件"面板中，❶单击"位置"选项左侧的"切换动画"按钮；❷设置"位置"为（650.0，150.0），"缩放"为 25.0，如图 10-20 所示，即可添加第一个关键帧。

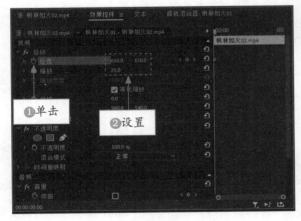

图 10-20　添加第一个关键帧

STEP 03 ❶拖曳时间指示器至 00:00:02:00 的位置，❷在"效果控件"面板中设置"位置"为（180.0，425.0），如图 10-21 所示，即可添加第二个关键帧。

STEP 04 ❶拖曳时间指示器至 00:00:04:00 的位置，❷在"效果控件"面板中设置"位置"为（1600.0，800.0），如图 10-22 所示，即可添加第三个关键帧。

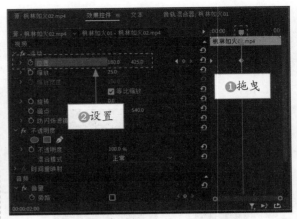

图 10-21　添加第二个关键帧

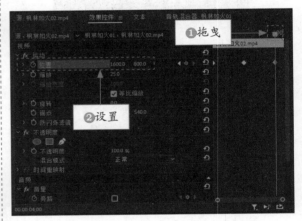

图 10-22　添加第三个关键帧

STEP 05 执行操作后，即可制作飞行运动效果，将时间指示器移至素材的开始位置，在"节目监视器"面板中单击"播放 - 停止切换"按钮，即可预览运动效果，如图 10-23 所示。

图 10-23　预览视频效果

图 10-23　预览视频效果（续）

▶ 专家指点

　　在 Premiere Pro 2023 中经常会看到在一些镜头画面的上方飞过其他的镜头，同时两个镜头的视频内容照常进行，这就是设置运动方向的效果。在 Premiere Pro 2023 中，视频的运动方向设置可以在"效果控件"面板的"运动"特效中得到实现，而"运动"特效是视频素材自带的特效，不需要在"效果"面板中选择特效即可应用。

10.2.2　缩放运动：制作江水悠悠视频效果

　　缩放运动效果是指对象以从小到大或从大到小的形式展现在观众的眼前。下面介绍制作缩放运动效果的操作方法。

素材文件	素材 \ 第 10 章 \10.2.2\江水悠悠 .prproj
效果文件	效果 \ 第 10 章 \10.2.2\江水悠悠 .prproj
视频文件	视频 \ 第 10 章 \10.2.2　缩放运动：制作江水悠悠视频效果 .mp4

【操练 + 视频】
——缩放运动：制作江水悠悠视频效果

STEP 01　按 Ctrl ＋ O 组合键，打开一个项目文件，效果如图 10-24 所示。

STEP 02　选择 V2 轨道上的素材，在"效果控件"面板中，❶单击"位置""缩放"以及"不透明度"选项左侧的"切换动画"按钮；❷设置"位置"

为（960.0，800.0），"缩放"为 0.0，"不透明度"为 0.0%，将画面缩放后移动至合适的位置，如图 10-25 所示，即可添加第一组关键帧。

图 10-24　打开的项目文件效果

图 10-25　添加第一组关键帧

STEP 03　❶拖曳时间指示器至 00:00:02:00 的位置；❷设置"缩放"为 80.0，"不透明度"为 100.0%，如图 10-26 所示，即可添加第二组关键帧。

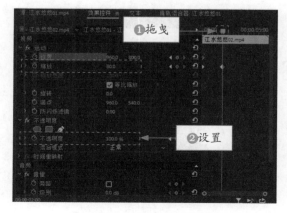

图 10-26　添加第二组关键帧

STEP 04 单击"位置"选项右侧的"添加／移除关键帧"按钮◎，如图 10-27 所示，即可添加关键帧。

图 10-27　单击"添加／移除关键帧"按钮

STEP 05 ❶拖曳时间指示器至 00:00:04:00 的位置；❷选择"运动"选项，如图 10-28 所示。

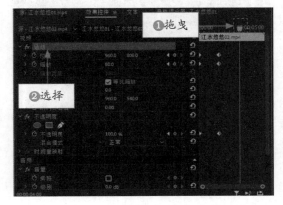

图 10-28　选择"运动"选项

STEP 06 执行操作后，在"节目监视器"面板中显示运动控件，如图 10-29 所示。

图 10-29　显示运动控件

STEP 07 在"节目监视器"面板中，❶单击运动控件的中心并拖动，调整素材位置；❷拖动素材四周的控制点，调整素材大小，如图 10-30 所示。

图 10-30　调整素材的位置和大小

STEP 08 切换至"效果"面板，❶展开"视频效果"｜"透视"选项；❷双击"投影"选项，如图 10-31 所示，即可为选择的素材添加投影效果。

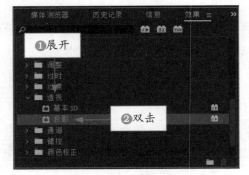

图 10-31　添加投影效果

▶ **专家指点**

在 Premiere Pro 2023 中，缩放运动效果在影视节目中运用得比较频繁，该效果不仅操作简单，而且制作的画面对比性较强，表现力丰富。在工作界面中，为影片素材制作缩放运动效果后，如果对效果不满意，可以展开"效果控件"面板，在其中设置相应的"缩放"参数，即可改变缩放运动效果。

STEP 09 在"效果控件"面板中，❶展开"投影"选项；❷设置"方向"为 -50.0°，"距离"为 20.0，"柔和度"为 10.0，调整画面投影的效果，如图 10-32 所示。

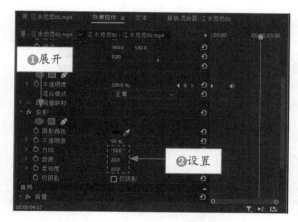

图 10-32　设置相应参数

STEP 10 单击"播放 - 停止切换"按钮 ▶，预览视频效果，如图 10-33 所示。

图 10-33　预览视频效果

10.2.3　旋转降落：制作花落人间视频效果

在 Premiere Pro 2023 中，旋转运动效果可以使素材围绕指定的轴进行旋转。下面介绍制作旋转运动效果的操作方法。

素材文件	素材\第 10 章\10.2.3\花落人间 .prproj
效果文件	效果\第 10 章\10.2.3\花落人间 .prproj
视频文件	视频\第 10 章\10.2.3　旋转降落：制作花落人间视频效果 .mp4

【操练 + 视频】
——旋转降落：制作花落人间视频效果

STEP 01 按 Ctrl ＋ O 组合键，打开项目文件，如图 10-34 所示。

图 10-34　打开项目文件

STEP 02 在"项目"面板中选择素材文件，分别添加到"时间轴"面板中的 V1 与 V2 轨道上，如图 10-35 所示。

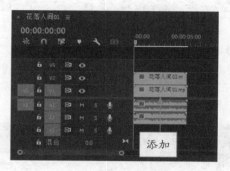

图 10-35　添加素材文件

STEP 03 选择 V2 轨道上的素材文件，切换至"效果控件"面板，❶设置"位置"为（1000.0，-110.0），"缩放"为 20.0；❷单击"位置"与"旋转"选项左侧的"切换动画"按钮，如图 10-36 所示，即可添加第一组关键帧。

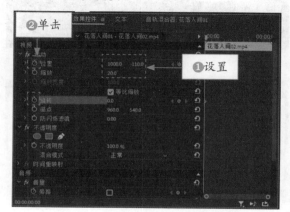

图 10-36　添加第一组关键帧

STEP 04 在"效果控件"面板中，❶拖曳时间指示器至00:00:02:00的位置；❷设置"位置"为（1000.0,560.0），"旋转"为 -180.0°，如图 10-37 所示，即可添加第二组关键帧。

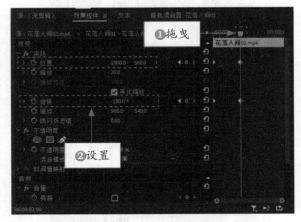

图 10-37　添加第二组关键帧

STEP 05 在"效果控件"面板中，❶拖曳时间指示器至00:00:05:00的位置；❷设置"位置"为（1000.0,1196.0），"旋转"为0.0°，如图 10-38 所示，即可添加第三组关键帧。

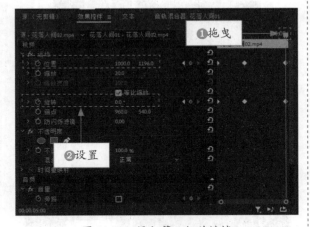

图 10-38　添加第三组关键帧

▶ 专家指点

　　在"效果控件"面板中，"旋转"选项是指以对象的轴心为基准，对对象进行旋转，用户可对对象进行任意角度的旋转。

STEP 06 单击"播放 - 停止切换"按钮▶，预览视频效果，如图 10-39 所示。

图 10-39　预览视频效果

10.2.4　镜头推拉：制作渔舟逐水视频效果

　　在视频节目中，推拉镜头可以使被摄物体在镜头画面中所占的比例产生显著的变化，达到不同的视觉效果，产生强烈的节奏感。下面介绍如何制作镜头的推拉效果。

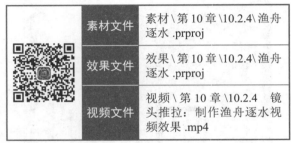

素材文件	素材 \ 第 10 章 \10.2.4\ 渔舟逐水 .prproj
效果文件	效果 \ 第 10 章 \10.2.4\ 渔舟逐水 .prproj
视频文件	视频 \ 第 10 章 \10.2.4　镜头推拉：制作渔舟逐水视频效果 .mp4

【操练 + 视频】
——镜头推拉：制作渔舟逐水视频效果

STEP 01 按 Ctrl + O 组合键，打开项目文件，如图 10-40 所示。

图 10-40　打开项目文件

STEP 02 在"项目"面板中选择"渔舟逐水01.mp4"素材文件，将其添加到"时间轴"面板中的 V1 轨道上，如图 10-41 所示。

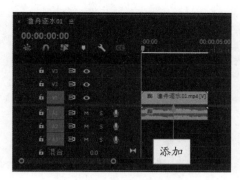

图 10-41　添加素材文件

STEP 03 将鼠标指针移至 V1 素材文件的结尾处，按住鼠标左键拖动，调整素材文件的持续时间至 00:00:03:10 的位置，如图 10-42 所示。

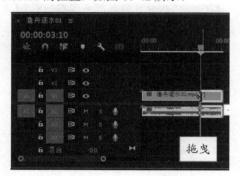

图 10-42　调整素材文件的持续时间

STEP 04 将"渔舟逐水 02.mp4"素材文件添加到"时间轴"面板中的 V2 轨道上，取消视频素材和音频素材的链接，删除音频素材，如图 10-43 所示。

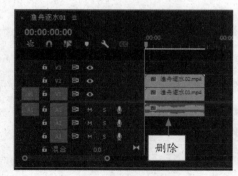

图 10-43　删除音频素材

STEP 05 选择 V2 轨道上的素材，在"效果控件"面板中，❶单击"位置"与"缩放"选项左侧的"切换动画"按钮 ；❷设置"位置"为（300.0，200.0），"缩放"为 10.0，如图 10-44 所示，即可添加第一组关键帧。

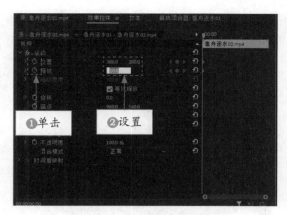

图 10-44　添加第一组关键帧

STEP 06 ❶拖曳时间指示器至 00:00:01:00 的位置；❷设置"位置"为（960.0，540.0），"缩放"为 30.0，如图 10-45 所示，即可添加第二组关键帧。

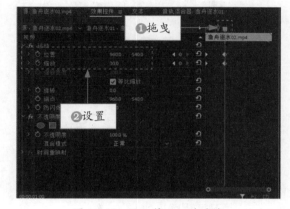

图 10-45　添加第二组关键帧

STEP 07 ❶拖曳时间指示器至 00:00:03:10 的位置；❷设置"位置"为（960.0，540.0），"缩放"为 100.0，如图 10-46 所示，即可添加第三组关键帧。

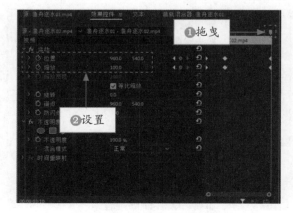

图 10-46　添加第三组关键帧

STEP 08 单击"播放 - 停止切换"按钮▶，预览视频效果，如图 10-47 所示。

图 10-47　预览视频效果

10.2.5　逐块划出：制作碧空如洗视频效果

在 Premiere Pro 2023 中，用户可以通过"裁剪"特效制作逐块划出效果。下面介绍制作逐块划出效果的操作方法

素材文件	素材 \ 第 10 章 \10.2.5\ 碧空如洗 .prproj
效果文件	效果 \ 第 10 章 \10.2.5\ 碧空如洗 .prproj
视频文件	视频 \ 第 10 章 \10.2.5　逐块划出：制作碧空如洗视频效果 .mp4

【操练 + 视频】
——逐块划出：制作碧空如洗视频效果

STEP 01 按 Ctrl ＋ O 组合键，打开项目文件，如图 10-48 所示。

图 10-48　打开项目文件

STEP 02 在"项目"面板中选择"碧空如洗 01.mp4"素材文件，并将其添加到"时间轴"面板中的 V1 轨道上，如图 10-49 所示。

图 10-49　添加素材文件

STEP 03 选择 V1 轨道上的素材文件，在"效果控件"面板中设置"缩放"为 110，调整画面大小，如图 10-50 所示。

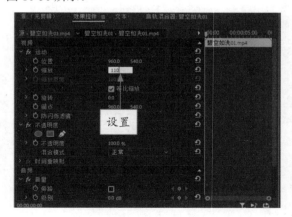

图 10-50　设置"缩放"参数

STEP 04 将"碧空如洗 02.mp4"视频文件添加到"时间轴"面板中的 V2 轨道上，按住 Shift 键的同时选择两个素材文件，单击鼠标右键，在弹出的快捷菜单中选择"速度 / 持续时间"命令，如图 10-51 所示。

图 10-51　选择"速度/持续时间"命令

STEP 05 在弹出的"剪辑速度/持续时间"对话框中，设置"持续时间"为 00:00:10:00，如图 10-52 所示。

图 10-52　设置"持续时间"参数

STEP 06 单击"确定"按钮。在"时间轴"面板中选择 V2 轨道上的素材文件，如图 10-53 所示。

图 10-53　选择素材文件

STEP 07 切换至"效果"面板，❶展开"视频效果"|"变换"选项；❷双击"裁剪"选项，如图 10-54 所示，即可为选择的素材添加裁剪效果。

STEP 08 在"效果控件"面板中，❶拖曳时间指示器至 00:00:02:00 的位置；❷展开"裁剪"选项；❸单击"右侧"与"底部"选项左侧的"切换动画"

按钮 ；❹设置"右侧"为 100.0%，"底部"为 80.0%，如图 10-55 所示，即可添加相应关键帧。

图 10-54　添加裁剪效果

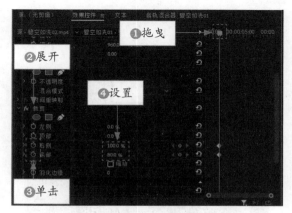

图 10-55　添加关键帧（1）

STEP 09 执行上述操作后，在"节目监视器"面板中可以查看素材画面，如图 10-56 所示。

图 10-56　查看素材画面

STEP 10 在"效果控件"面板中，❶拖曳时间指示器至 00:00:03:00 的位置；❷设置"右侧"为 80%，"底部"为 60.0%，如图 10-57 所示，即可添加相应关键帧。

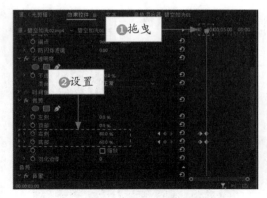

图 10-57 添加关键帧（2）

STEP 11 ❶拖曳时间指示器至 00:00:04:00 的位置；❷单击"底部"选项右侧的"添加／移除关键帧"按钮 ；❸设置"右侧"为 60.0%，如图 10-58 所示，即可添加关键帧。

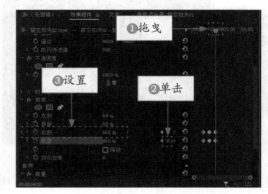

图 10-58 添加关键帧（3）

STEP 12 ❶拖曳时间指示器至 00:00:05:00 的位置；❷单击"右侧"选项右侧的"添加／移除关键帧"按钮 ，添加关键帧；❸设置"底部"为 40.0%，如图 10-59 所示。

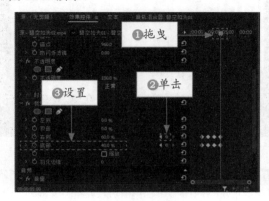

图 10-59 添加关键帧（4）

STEP 13 ❶拖曳时间指示器至 00:00:06:00 的位置；❷单击"底部"选项右侧的"添加／移除关键帧"按钮 ；❸设置"右侧"为 40.0%，如图 10-60 所示，即可添加关键帧。

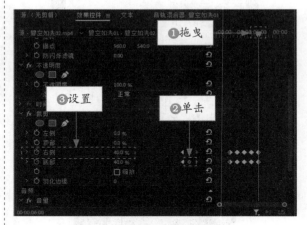

图 10-60 添加关键帧（5）

STEP 14 用同样的操作方法，在时间轴上的其他位置添加相应的关键帧，并设置关键帧的参数，如图 10-61 所示。

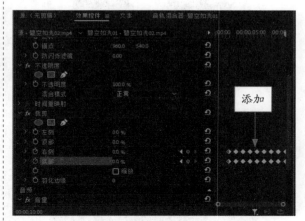

图 10-61 添加其他关键帧

STEP 15 单击"播放 - 停止切换"按钮 ，预览视频效果，如图 10-62 所示。

图 10-62 预览视频效果

10.3　制作画中画效果

画中画效果是影视节目中常用的技巧之一，是利用数字技术，在同一屏幕上显示两个画面。本节将详细介绍画中画效果的相关基础知识以及制作方法，以供读者掌握。

10.3.1　认识画中画效果

画中画效果是指在正常观看的主画面上，同时插入一个或多个经过压缩的子画面，以便在欣赏主画面的同时，观看其他影视效果。通过数字化处理，生成景物远近不同、具有强烈视觉冲击力的全景图像，给人一种身在画中的全新视觉享受。

画中画效果不仅可以同步显示多个不同的画面，还可以显示两个或多个内容相同的画面，让画面产生万花筒的特殊效果。

1．画中画在天气预报中的应用

随着电脑的普及，画中画效果逐渐成为天气预报节目的常用播放技巧。

在天气预报节目中，几乎大部分都是运用画中画效果来进行播放的。工作人员通过后期的制作，将两个画面合成至一个背景中，得到最终天气预报的画面效果。

2．画中画在新闻播报中的应用

画中画效果在新闻播报节目中的应用也十分广泛。在新闻联播中，常常会看到节目主持人的右上角出来一个新的画面，这些画面通常是为了配合主持人报道新闻而安排的。

3．画中画在影视广告宣传中的应用

影视广告是非常奏效而且覆盖面较广的广告传播方法之一。随着数码科技的发展，这种画中画效果被搬上了银幕，加入了画中画效果的宣传广告，常常可以表现出更加明显的宣传效果。

4．画中画在显示器中的应用

画中画技术在显示器中的应用非常广泛，它提供了一种同时查看多个内容或信息的方式，从而提高了多个领域的效率，增强了交互性。这种技术使用户能够更好地管理和利用屏幕上的可用空间，同时查看多个内容源。

10.3.2　导入洁白尖塔素材文件

画中画是以高科技为载体，将普通的平面图像转化为层次分明、全景多变的精彩画面。在 Premiere Pro 2023 中，制作画中画运动效果之前，首先需要导入影片素材。下面介绍具体的操作方法。

素材文件	素材 \ 第 10 章 \10.3.2\ 洁白尖塔 .prproj
效果文件	无
视频文件	视频 \ 第 10 章 \10.3.2　导入洁白尖塔素材文件 .mp4

【操练 + 视频】——导入洁白尖塔素材文件

STEP 01 按 Ctrl ＋ O 组合键，打开项目文件，效果如图 10-63 所示。

图 10-63　打开的项目文件效果

STEP 02 在"时间轴"面板上，将导入的素材分别添加至 V1 和 V2 轨道上，拖动控制条调整视图，如图 10-64 所示。

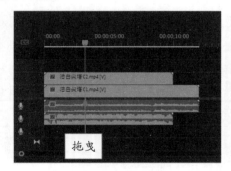

图 10-64　添加素材

STEP 03 ❶拖曳时间指示器至 00:00:10:00 的位置；❷将 V1 轨道的素材向左拖动至 10 秒处，如图 10-65 所示。

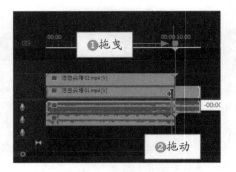

图 10-65　调整素材持续时间

10.3.3　制作洁白尖塔视频效果

在添加完素材后，用户可以继续对画中画素材设置运动效果。接下来将介绍如何设置画中画的特效属性。

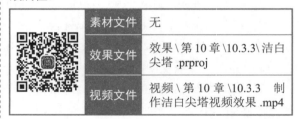

素材文件	无
效果文件	效果 \ 第 10 章 \10.3.3\ 洁白尖塔 .prproj
视频文件	视频 \ 第 10 章 \10.3.3　制作洁白尖塔视频效果 .mp4

**【操练 + 视频】
——制作洁白尖塔视频效果**

STEP 01 以 10.3.2 小节中的素材为例，在"时间轴"面板中将时间指示器移至素材的开始位置，选择 V1 轨道上的素材，在"效果控件"面板中，单击"位置"和"缩放"左侧的"切换动画"按钮，如图 10-66 所示，即可添加关键帧。

图 10-66　添加关键帧（1）

STEP 02 选择 V2 轨道上的素材，❶设置"缩放"
为 40.0；在"节目监视器"面板中，将选择的素材
拖曳至面板左上角，❷单击"位置"和"缩放"左
侧的"切换动画"按钮，如图 10-67 所示，添加
关键帧。

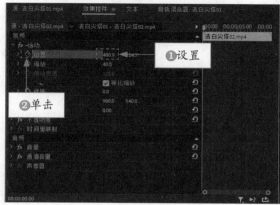

图 10-67　添加关键帧（2）

STEP 03 选择 V2 轨道中的素材，❶拖曳时间指示
器至 00:00:01:00 的位置；❷在"节目监视器"面板
中沿水平方向向右拖曳素材，如图 10-68 所示，系
统会自动添加一个关键帧。

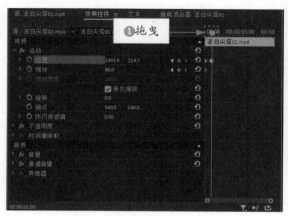

图 10-68　添加关键帧（3）

图 10-68　添加关键帧（3）（续）

STEP 04 ❶拖曳时间指示器至 00:00:04:00 的位置；
❷在"节目监视器"面板中垂直向下拖曳素材，如
图 10-69 所示，系统会自动添加一个关键帧。

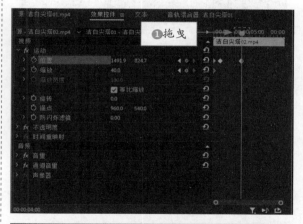

图 10-69　添加关键帧（4）

STEP 05 将"洁白尖塔 01"素材图像添加至 V3 轨
道 00:00:04:10 的位置，使用"剃刀工具"分割

199

并删除超出 00:00:10:00 位置的素材，选择 V3 轨道上的素材，❶在"效果控件"面板中设置"缩放"为 40.0；❷在"节目监视器"面板中拖曳素材至画面右上角，如图 10-70 所示。

STEP 06 执行操作后，即可制作画中画效果。在"节目监视器"面板中单击"播放 - 停止切换"按钮▶，即可预览画中画效果，如图 11-71 所示。

图 10-70　调整素材的位置和大小

图 10-71　预览画中画效果

第11章

视频输出：设置与导出视频文件

章前知识导读

在 Premiere Pro 2023 中，用户完成一段影视内容的编辑后，可以将其输出为各种不同格式的文件。在导出视频文件时，需要对视频的格式、预设、输出名称和位置以及其他选项进行设置。本章主要介绍如何设置影片输出参数，以及输出为各种不同格式的文件。

新手重点索引

- 设置视频参数
- 导出视频文件
- 设置导出参数

效果图片欣赏

11.1　设置视频参数

　　用户在导出视频文件时，可以根据需要在"导出"界面中进行设置。本节将介绍"导出"界面以及导出视频所需要设置的参数。

11.1.1　预览视频：预览车来车往视频效果

　　视频预览区域主要用来预览视频效果，下面将介绍设置视频预览区域的操作方法。

素材文件	素材 \ 第 11 章 \11.1.1\ 车来车往 .prproj
效果文件	无
视频文件	视频 \ 第 11 章 \11.1.1　预览视频：预览车来车往视频效果 .mp4

　　【操练＋视频】——预览视频：预览车来车往视频效果

STEP 01 按 Ctrl ＋ O 组合键，打开项目文件，效果如图 11-1 所示。

STEP 02 选择"文件"|"导出"|"媒体"命令，如图 11-2 所示。

图 11-1　打开项目文件的效果

图 11-2　选择"媒体"命令

STEP 03 进入"导出"界面，拖曳右侧"预览"界面的当前时间指示器，查看导出的影视效果，如图 11-3 所示。

图 11-3　查看影视效果

11.1.2　设置参数：设置车来车往视频参数

"参数设置区域"选项区中的各参数决定着影片的最终效果，用户可以在这里设置视频参数，下面介绍具体的操作方法。

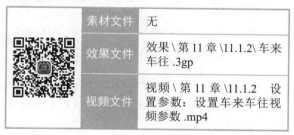

素材文件	无
效果文件	效果 \ 第 11 章 \11.1.2\ 车来车往 .3gp
视频文件	视频 \ 第 11 章 \11.1.2　设置参数：设置车来车往视频参数 .mp4

【操练 + 视频】
——设置参数：设置车来车往视频参数

STEP 01 以 11.1.1 小节中的素材为例，在"导出"界面中单击"格式"选项右侧的下三角按钮，在弹出的下拉列表中选择 MPEG4 作为当前导出的视频格式，如图 11-4 所示。

图 11-4　选择导出格式

STEP 02 根据导出视频格式的不同，设置"预设"选项，❶单击"预设"选项右侧的下三角按钮 ；❷在弹出的下拉列表中选择"自定义"选项，如图 11-5 所示。

STEP 03 单击"位置"右侧的超链接，如图 11-6 所示。

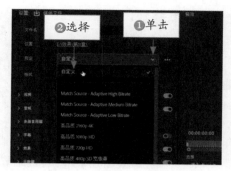

图 11-5　选择"自定义"选项

图 11-6　单击超链接

STEP 04 弹出"另存为"对话框，设置文件名和储存位置，如图 11-7 所示。单击"保存"按钮，即可完成视频参数的设置。

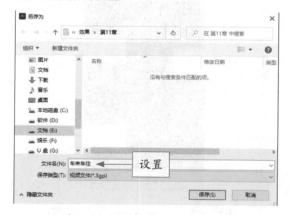

图 11-7　设置文件名和储存位置

11.2　设置导出参数

当用户完成 Premiere Pro 2023 中的各项编辑操作后，即可将项目导出为各种格式类型的视 / 音频文件。本节将详细介绍影片导出参数的设置方法。

11.2.1　效果参数

在 Premiere Pro 2023 中，"SDR 遵从情况"是相对于 HDR（高动态图像）而言的，其作用是将 HDR 图像文件转换为 SDR 图像文件。

HDR 所包含的色彩细节非常丰富，需要使用支持高动态图像格式的视频播放显示器来进行查看，用普通的显示器来播放查看HDR 图像文件时，显示的画面会失真。SDR 图像文件的画面细节则属正常标准范围内，使用普通的视频播放显示器即可查看图像文件。在 Premiere Pro 2023 中，将 HDR 图像文件转换为 SDR 图像文件，可以通过调整"亮度""对比度"以及"软阈值"等参数来实现。

在"导出"界面的"设置"选项区中设置"SDR 遵从情况"参数的方法非常简单。首先，❶用户需要设置导出视频的"格式"为 AVI；❷切换至"效果"选项卡，选中"SDR 遵从情况"复选框；❸设置"亮度"为 20，"对比度"为 10，"软阈值"为 80，如图 11-8 所示。设置完成后，用户可以在"视频预览区域"中单击"导出"按钮，加载完成后，用户即可在输出文件夹中播放并查看图像效果，如图 11-9 所示。

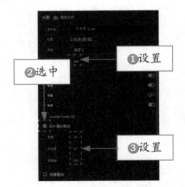
图 11-8　设置相应参数

图 11-9　查看图像效果

> ▶ 专家指点
>
> 在 Premiere Pro 2023 编辑器中，用户还可以在"效果"面板中选择"SDR 遵从情况"效果，将其添加至"时间轴"面板中所需要的图像素材上。在"效果控件"面板中，设置"亮度""对比度"以及"软阈值"的参数，这样就不用在"导出"界面中再设置参数了。

11.2.2　音频参数

通过 Premiere Pro 2023，可以将素材输出为音频，接下来将介绍导出 MP3 格式的音频文件需要进行哪些设置。

首先，需要在"导出"界面中设置"格式"为 MP3，如图 11-10 所示。接下来，用户只需要设置导出音频的文件名和保存位置，单击"输出名称"右侧的相应超链接，弹出"另存为"对话框，设置文件名和储存位置，如图 11-11 所示。单击"保存"按钮，即可完成音频参数的设置。

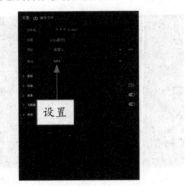
图 11-10　设置"格式"为 MP3

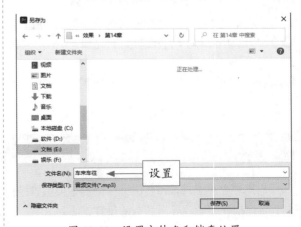
图 11-11　设置文件名和储存位置

11.3 　导出视频文件

随着视频文件格式的增加，Premiere Pro 2023 会根据所选文件的不同，调整不同的视频输出选项，以便用户更为快捷地调整视频文件的设置。本节主要介绍视频文件的导出方法。

11.3.1　MP4 文件：导出黑云压城视频文件

MP4 是现在十分常见的一种视频文件格式，这种格式的视频文件兼容性很好，使用方便。下面介绍将视频文件导出为 MP4 格式的操作方法。

素材文件	素材 \ 第 11 章 \11.3.1\ 黑云压城 .prproj
效果文件	效果 \ 第 11 章 \11.3.1\ 黑云压城 .mp4
视频文件	视频 \ 第 11 章 \11.3.1　MP4 文件：导出黑云压城视频文件 .mp4

【操练 + 视频】——MP4 文件：导出黑云压城视频文件

STEP 01 按 Ctrl + O 组合键，打开项目文件，效果如图 11-12 所示。

STEP 02 选择"文件"|"导出"|"媒体"命令，如图 11-13 所示。

图 11-12　打开的项目文件效果

图 11-13　选择"媒体"命令

STEP 03 执行上述操作后，进入"导出"界面，如图 11-14 所示。

STEP 04 在"设置"选项区中，设置"预设"为"高品质 720p HD"，"格式"为 H.264，如图 11-15 所示。

图 11-14　进入"导出"界面

图 11-15　设置相应参数

STEP 05 单击"位置"右侧的超链接，弹出"另存为"对话框，在其中设置保存位置和文件名，如图 11-16 所示。

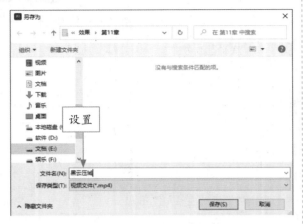

图 11-16 设置保存位置和文件名

STEP 06 设置完成后，单击"保存"按钮，单击对话框右下角的"导出"按钮，如图 11-17 所示。

图 11-17 单击"导出"按钮

STEP 07 执行上述操作后，弹出"编码 黑云压城"对话框，开始导出编码文件，并显示导出进度，如图 11-18 所示。稍等片刻，即可完成 MP4 视频文件的导出。

图 11-18 显示导出进度

11.3.2 编码文件：导出花香蝶舞编码文件

编码文件就是现在常见的 AVI 格式文件，这种格式的文件兼容性好，调用方便，图像质量好。下面介绍将视频文件导出为 AVI 格式的操作方法。

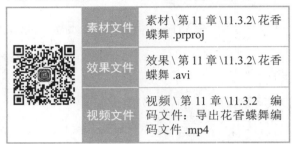

素材文件	素材 \ 第 11 章 \11.3.2\ 花香蝶舞 .prproj
效果文件	效果 \ 第 11 章 \11.3.2\ 花香蝶舞 .avi
视频文件	视频 \ 第 11 章 \11.3.2 编码文件：导出花香蝶舞编码文件 .mp4

【操练＋视频】
——编码文件：导出花香蝶舞编码文件

STEP 01 按 Ctrl ＋ O 组合键，打开项目文件，效果如图 11-19 所示。

图 11-19 打开的项目文件效果

STEP 02 选择"文件"|"导出"|"媒体"命令，如图 11-20 所示。

图 11-20 选择"媒体"命令

STEP 03 执行上述操作后，进入"导出"界面，如图 11-21 所示。

STEP 04 在"设置"选项区中，设置"预设"为"自定义"，"格式"为 AVI，如图 11-22 所示。

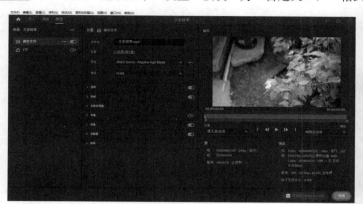

图 11-21　进入"导出"界面

图 11-22　设置相应参数

STEP 05 单击"输出名称"右侧的超链接，弹出"另存为"对话框，在其中设置保存位置和文件名，如图 11-23 所示。

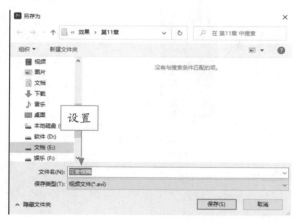

图 11-23　设置保存位置和文件名

STEP 06 设置完成后，单击"保存"按钮，然后单击对话框右下角的"导出"按钮，如图 11-24 所示。

图 11-24　单击"导出"按钮

STEP 07 执行上述操作后，弹出"编码 花香蝶舞"对话框，开始导出编码文件，并显示导出进度，如图 11-25 所示。稍等片刻，即可完成 AVI 视频文件的导出。

图 11-25　显示导出进度

11.3.3　MP3 音频：导出雄浑乐章音频文件

MP3 格式的音频文件凭借高采样率的音质，占用空间少的特性，成为目前较为流行的一种音乐文件。下面介绍导出 MP3 音频文件的操作方法。

素材文件	素材\第 11 章 \11.3.3\ 雄浑乐章 .prproj
效果文件	效果\第 11 章 \11.3.3\ 雄浑乐章 .mp3
视频文件	视频\第 11 章 \11.3.3 MP3 音频：导出雄浑乐章音频文件 .mp4

【操练 + 视频】
——MP3 音频：导出雄浑乐章音频文件

STEP 01 按 Ctrl + O 组合键，打开项目文件，如图 11-26 所示。选择"文件"|"导出"|"媒体"命令，进入"导出"界面。

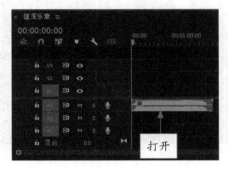

图 11-26　打开项目文件

STEP 02 ❶单击"格式"选项右侧的下三角按钮；❷在弹出的下拉列表中选择 MP3 选项，如图 11-27 所示。

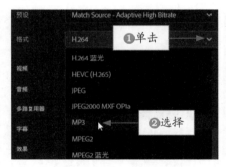

图 11-27　选择 MP3 选项

STEP 03 单击"输出名称"右侧的超链接，弹出"另存为"对话框，❶设置保存位置和文件名；❷单击"保存"按钮，如图 11-28 所示。

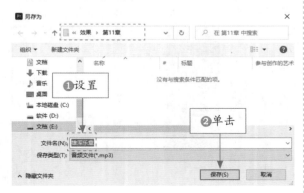

图 11-28　设置保存位置和文件名

STEP 04 返回相应界面，单击"导出"按钮，弹出"编码 雄浑乐章"对话框，显示导出进度，如图 11-29 所示。稍等片刻，即可完成 MP3 音频文件的导出。

图 11-29　显示导出进度

11.3.4　WAV 文件：导出 WAV 音频文件

在 Premiere Pro 2023 中，用户不仅可以将音频文件转换成 MP3 格式文件，还可以将其转换为 WAV 格式文件。下面介绍具体的操作方法。

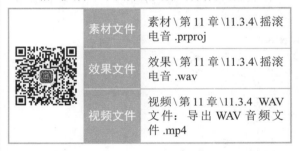

	素材文件	素材 \ 第 11 章 \11.3.4\ 摇滚电音 .prproj
	效果文件	效果 \ 第 11 章 \11.3.4\ 摇滚电音 .wav
	视频文件	视频 \ 第 11 章 \11.3.4 WAV 文件：导出 WAV 音频文件 .mp4

【操练 + 视频】
——WAV 文件：导出 WAV 音频文件

STEP 01 按 Ctrl + O 组合键，打开项目文件，如图 11-30 所示。选择"文件"|"导出"|"媒体"命令，进入"导出"界面。

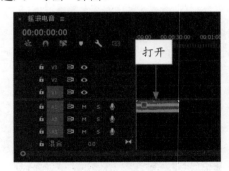

图 11-30　打开项目文件

STEP 02 单击"格式"选项右侧的下三角按钮，在弹出的下拉列表中选择"波形音频"选项，如图 11-31 所示。

图 11-31　选择"波形音频"选项

STEP 03 单击"位置"右侧的超链接，弹出"另存为"对话框，设置保存位置和文件名，单击"保存"按钮，如图 11-32 所示。

图 11-32　设置保存位置和文件名

STEP 04 返回相应界面，单击"导出"按钮，弹出"编码 摇滚电音"对话框，显示导出进度，如图 11-33 所示。稍等片刻，即可完成 WAV 音频文件的导出。

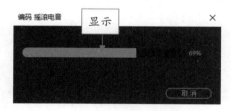

图 11-33　显示导出进度

11.3.5　快速导出：导出天朗气清视频文件

在 Premiere Pro 2023 中，新增了快速导出功能。使用此功能，用户无须进入"导出"界面也可以导出文件。

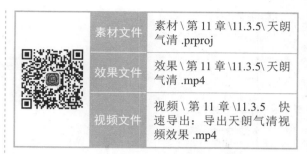

素材文件	素材 \ 第 11 章 \11.3.5\ 天朗气清 .prproj
效果文件	效果 \ 第 11 章 \11.3.5\ 天朗气清 .mp4
视频文件	视频 \ 第 11 章 \11.3.5　快速导出：导出天朗气清视频效果 .mp4

【操练 + 视频】
——快速导出：导出天朗气清视频文件

STEP 01 按 Ctrl + O 组合键，打开一个项目文件，如图 11-34 所示。

图 11-34　打开项目文件

STEP 02 单击工具箱右侧的"快速导出"按钮 ，在弹出的列表框中单击"文件名和位置"下方的超链接，如图 11-35 所示。

图 11-35　单击"文件名和位置"超链接

STEP 03 弹出"另存为"对话框，设置保存位置和文件名，单击"保存"按钮，如图 11-36 所示。

STEP 04 设置完成后，单击"导出"按钮，如图 11-37 所示。稍等片刻，即可完成视频文件的快速导出。

Premiere Pro 2023 全面精通
视频剪辑＋颜色调整＋转场特效＋字幕制作＋案例实战

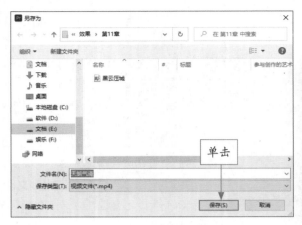

图 11-36　设置保存位置和文件名

图 11-37　单击"导出"按钮

第12章

制作星空延时——《灿若星河》

章前知识导读

　　喜欢摄影的人都知道，延时视频拍摄起来需要花费很多时间，但是它可以展示出很震撼的效果，在观看过程中也节约了观看者的时间。本章主要向用户介绍星空延时视频的制作方法，其中包括导入素材、制作字幕、添加音乐和导出视频等内容。

新手重点索引

- 效果欣赏与技术提炼
- 视频制作过程

效果图片欣赏

12.1 效果欣赏与技术提炼

延时视频的拍摄是很费时间的，近年来，喜欢摄影的人越来越多，人们不限于仅仅可以拍出美丽、大气的照片，还希望以视频的形式将照片展示出来，但又会觉得照片太多整理起来很麻烦，本节教大家如何将几百张照片制作成一段几秒长的延时视频。

12.1.1 效果欣赏

下面以星空延时为例，介绍制作星空延时视频的操作方法，效果如图 12-1 所示。

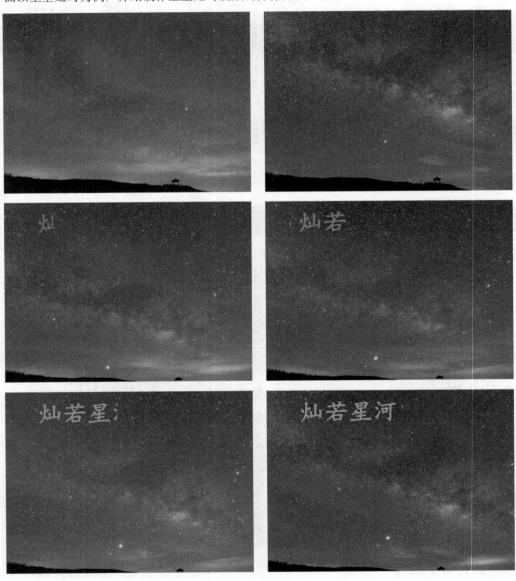

图 12-1　效果欣赏

12.1.2　技术提炼

用户首先需要将星空延时的素材导入素材库，然后将视频素材添加至视频轨道中，为视频素材制作字幕效果，最后添加音乐文件。

12.2　视频制作过程

本节主要介绍《星空延时》视频文件的制作过程，包括导入星空延时视频素材、制作视频字幕效果、制作音频文件以及导出视频文件等内容。

12.2.1　导入星空延时素材文件

在制作星空延时视频之前，首先需要导入媒体素材文件。下面以"新建项目"命令为例，介绍导入星空延时素材的操作方法。

素材文件	素材\第 12 章\"星空延时"文件夹
效果文件	无
视频文件	视频\第 12 章\12.2.1　导入星空延时素材文件 .mp4

【操练 + 视频】——导入星空延时素材文件

STEP 01 启动 Premiere Pro 2023 应用程序，进入"主页"界面，单击左侧的"新建项目"按钮，如图 12-2 所示。

图 12-2　单击"新建项目"按钮

STEP 02 进入"导入"界面，❶设置项目的名称和保存位置；❷单击"创建"按钮，如图 12-3 所示。

图 12-3　设置项目的名称和保存位置

STEP 03 进入 Premiere Pro 2023 工作界面，在菜单栏中选择"文件"|"新建"|"序列"命令，如图 12-4 所示。

图 12-4　选择"序列"命令

STEP 04 弹出"新建序列"对话框，在其中设置"编辑模式"为"自定义"，"时基"为"25.00 帧 / 秒"，"帧大小"为 3048×2560，"像素长宽比"为"方形像素（1.0）"，"场"为"无场（逐行扫描）"，"显示格式"为"25 fps 时间码"，如图 12-5 所示。设置完成后，单击"确定"按钮。执行操作后，即可新建一个序列文件。

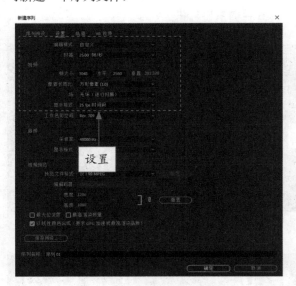
图 12-5　设置各选项及参数

STEP 05 在"项目"面板的空白位置上单击鼠标右键，在弹出的快捷菜单中选择"导入"命令，如图 12-6 所示。

STEP 06 弹出"导入"对话框，在其中选择合适的素材图像，❶选择第 1 张照片；❷选中左下角的"图像序列"复选框；❸单击"打开"按钮，如图 12-7 所示。

图 12-6　选择"导入"命令

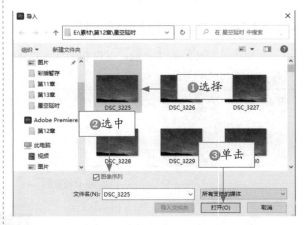
图 12-7　选择要导入的素材

STEP 07 执行操作后，即可以序列的方式导入照片素材，在"项目"面板中可以查看导入的序列效果，如图 12-8 所示。

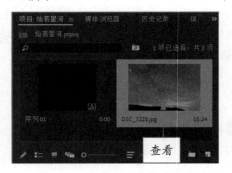
图 12-8　查看导入的序列效果

STEP 08 将导入的照片序列拖曳至"时间轴"面板的 V1 轨道中，此时会弹出信息提示框，提示剪辑与序列设置不匹配，单击"保持现有设置"按钮，如图 12-9 所示。

STEP 09 执行操作后，即可将序列素材添加至 V1 轨道中，如图 12-10 所示。

图 12-9　单击"保持现有设置"按钮　　　图 12-10　将序列素材添加至 V1 轨道中

STEP 10 在"节目监视器"面板中可以查看序列的画面效果，如图 12-11 所示，可以看到素材画面被缩小了，这是因为素材的尺寸过小。

STEP 11 调大素材的尺寸。打开"效果控件"面板，单击"缩放"选项左侧的"切换动画"按钮 🕘，如图 12-12 所示。

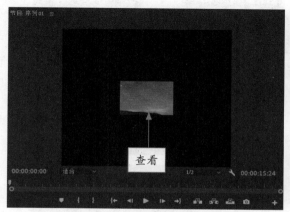

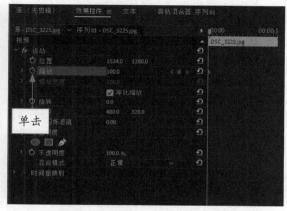

图 12-11　查看序列的画面效果　　　　图 12-12　单击"切换动画"按钮

STEP 12 将"缩放"设置为 400.0，按 Enter 键确认，即可将素材尺寸放大，如图 12-13 所示。

STEP 13 此时，在"节目监视器"面板中可以查看完整的素材画面，如图 12-14 所示，我们看到的这个效果就是输出后的视频画面尺寸。

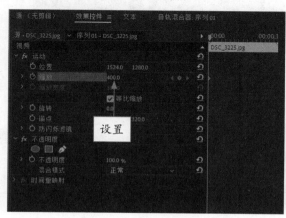

图 12-13　设置"缩放"参数　　　　　图 12-14　查看完整的素材画面

STEP 14 在"节目监视器"面板的下方单击"播放 - 停止切换"按钮 ▶，预览制作的延时视频，如图 12-15 所示。

图 12-15　预览制作的延时视频

12.2.2　制作星空延时字幕效果

　　星空延时是以图片预览为主的视频动画，因此用户需要准备好星空的图片素材，并为图片添加相应的字幕文件。下面介绍制作星空延时字幕效果的操作方法。

	素材文件	无
	效果文件	无
	视频文件	视频 \ 第 12 章 \12.2.2　制作星空延时字幕效果 .mp4

【操练 + 视频】——制作星空延时字幕效果

STEP 01 将时间指示器调整至 00:00:02:22 处，选取
工具箱中的"文字工具" T ，如图 12-16 所示。

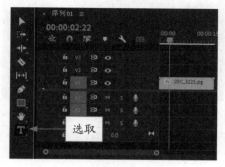

图 12-16　选取"文字工具"

STEP 02 在"节目监视器"面板中输入相应的文字，
如图 12-17 所示。

图 12-17　输入相应文字

STEP 03 在"基本图形"面板中，❶设置字幕文
件的"字体"为"楷体"；❷设置"字体大小"为
300，如图 12-18 所示。

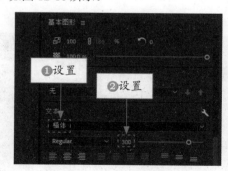

图 12-18　设置字幕属性

STEP 04 在"外观"选项区中，❶单击"填充"颜
色色块，在弹出的"拾色器"对话框中设置 RGB 为
（0，184，255），单击"确定"按钮；❷选中"描

边"复选框；❸单击颜色色块，在弹出的"拾色器"
对话框中设置 RGB 为（255，255，255），单击"确
定"按钮，设置颜色为白色；❹设置"描边"为 2.0，
如图 12-19 所示。

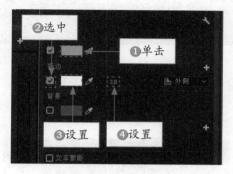

图 12-19　设置相应参数

STEP 05 选择 V2 轨道上的素材文件，单击鼠标右
键，在弹出的快捷菜单中选择"速度 / 持续时间"
命令，如图 12-20 所示。

图 12-20　选择"速度 / 持续时间"命令

STEP 06 弹出"剪辑速度 / 持续时间"对话框，设
置"持续时间"为 00:00:13:02，如图 12-21 所示。

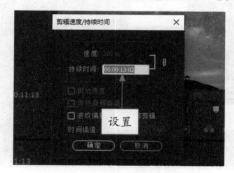

图 12-21　设置持续时间

STEP 07 单击"确定"按钮。在"时间轴"面板中
选择 V2 轨道上的字幕文件，如图 12-22 所示。

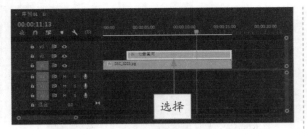

图 12-22 选择字幕文件

STEP 08 切换至"效果"面板，展开"视频效果"|"变换"选项，双击"裁剪"选项，如图 12-23 所示，即可为选择的素材添加裁剪效果。

图 12-23 添加裁剪效果

STEP 09 在"效果控件"面板中，❶拖曳时间指示器至 00:00:02:22 的位置；❷展开"裁剪"选项；❸单击"右侧"与"底部"选项左侧的"切换动画"按钮◙；❹设置"右侧"为 100.0%，"底部"为 50.0%，即可添加关键帧，如图 12-24 所示。

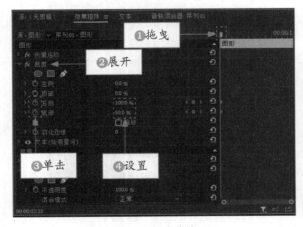

图 12-24 添加关键帧（1）

STEP 10 执行上述操作后，在"节目监视器"面板中可以查看素材画面，如图 12-25 所示。

图 12-25 查看素材画面

STEP 11 拖曳时间指示器至 00:00:05:24 的位置，设置"右侧"为 77.0%，"底部"为 50.0%，即可添加关键帧，如图 12-26 所示。

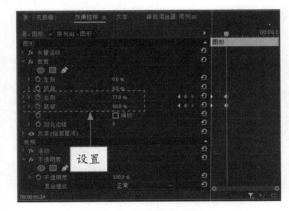

图 12-26 添加关键帧（2）

STEP 12 拖曳时间指示器至 00:00:06:20 的位置，单击"不透明度"左侧的"切换动画"按钮◙，设置"不透明度"为 40.0%，即可添加关键帧，如图 12-27 所示。

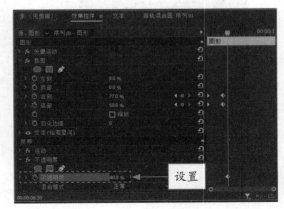

图 12-27 添加关键帧（3）

STEP 13 拖曳时间指示器至 00:00:07:17 的位置，设置"右侧"为 67.0%，"底部"为 50.0%，即可添加关键帧，如图 12-28 所示。

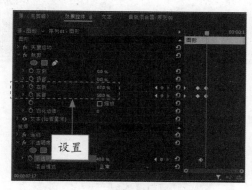

图 12-28　添加关键帧（4）

STEP 14 拖曳时间指示器至 00:00:09:00 的位置，设置"右侧"为 57.0%，"底部"为 50.0%，即可添加关键帧，如图 12-29 所示。

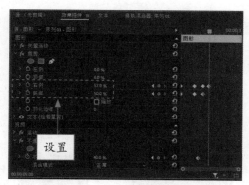

图 12-29　添加关键帧（5）

STEP 15 拖曳时间指示器至 00:00:10:04 的位置，设置"右侧"为 47.0%，"底部"为 0.0%，"不透明度"为 100.0%，即可添加关键帧，如图 12-30 所示。

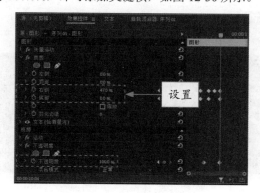

图 12-30　添加关键帧（6）

STEP 16 单击"播放 - 停止切换"按钮▶，预览视频效果，如图 12-31 所示。

图 12-31　预览视频效果

12.2.3 添加星空延时音频文件

添加背景音乐是为了让视频画面更具表现力，下面介绍添加星空延时音频文件的方法。

素材文件	无
效果文件	无
视频文件	视频 \ 第 12 章 \12.2.3　添加星空延时音频文件 .mp4

【操练＋视频】
——添加星空延时音频文件

STEP 01 在"项目"面板中选择导入的音乐素材，将其拖曳至"时间轴"面板的 A1 轨道中，如图 12-32 所示。

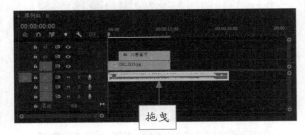

图 12-32　将音乐素材拖曳至"时间轴"面板中

STEP 02 将时间指示器移至 00:00:15:24 的位置，在工具箱中选取"剃刀工具" ，将鼠标指针移至 A1 轨道中的时间线位置，此时鼠标指针呈剃刀形状，如图 12-33 所示。

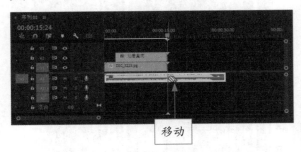

图 12-33　将鼠标指针移至 A1 轨道中的时间线位置

STEP 03 在音乐素材的时间线位置单击，即可将音乐素材分割为两段，选择第二段音乐素材，如图 12-34 所示。

STEP 04 按 Delete 键进行删除，留下剪辑后的音乐片段，如图 12-35 所示。

图 12-34　选择第二段音乐素材

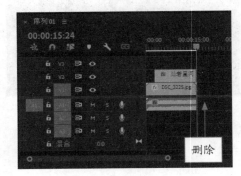

图 12-35　留下剪辑后的音乐片段

STEP 05 在"效果"面板中，展开"音频过渡"|"交叉淡化"选项，选择"指数淡化"特效，如图 12-36 所示。

图 12-36　选择"指数淡化"特效

STEP 06 按住鼠标左键，将其拖曳至音乐素材的起始点与结束点，添加音频过渡特效，如图 12-37 所示。

图 12-37　添加音频过渡特效

12.2.4　导出星空延时视频文件

　　创建并保存视频文件后，用户即可对其进行渲染，渲染完成后可以将视频分享至各种新媒体平台，视频的渲染时间根据项目的长短以及计算机配置的高低而略有不同。下面介绍输出媒体视频文件的操作方法。

素材文件	无
效果文件	效果 \ 第 12 章 \ 星空延时 .mp4
视频文件	视频 \ 第 12 章 \12.2.4　导出星空延时视频文件 .mp4

【操练 + 视频】——导出星空延时视频文件

STEP 01 在菜单栏中选择"文件"|"导出"|"媒体"命令，如图 12-38 所示。
STEP 02 进入"导出"界面，单击"位置"右侧的超链接，如图 12-39 所示。

图 12-38　选择"媒体"命令

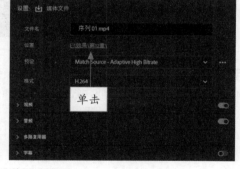

图 12-39　单击超链接

STEP 03 弹出"另存为"对话框，在其中设置延时视频的文件名与保存类型，单击"保存"按钮，如图 12-40 所示。
STEP 04 返回"导出"界面，即可查看更改后的视频名称，如图 12-41 所示。

图 12-40　设置文件名与保存类型

图 12-41　查看更改后的视频名称

STEP 05 在中间的"设置"选项区中，可以设置视频文件的输出选项，确认无误后，单击界面下方的"导出"按钮，如图 12-42 所示。

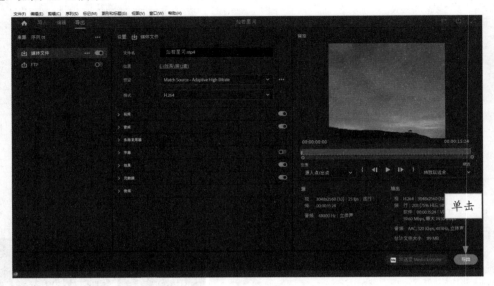

图 12-42　单击"导出"按钮

STEP 06 执行操作后，即可开始导出延时视频文件，并显示导出进度，如图 12-43 所示。这里需要花费一些时间，根据电脑配置的不同，视频文件导出的速度会不同，待延时视频文件导出完成后，即可在相应文件夹中找到并预览延时视频效果。

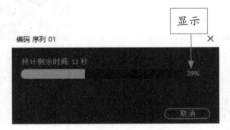

图 12-43　显示导出进度

第13章

制作图书宣传——《调色全面精通》

章前知识导读

图书宣传视频是产品宣传的一种有效方式，许多品牌也开始选择借助视频来宣传产品，扩大知名度以及增加销量。本章主要向大家介绍制作图书宣传视频《调色全面精通》的方法，包括导入视频素材、制作视频背景、制作片头效果、制作动态效果和片尾效果、渲染导出视频文件等内容。

新手重点索引

- 效果欣赏与技术提炼
- 视频后期处理
- 视频制作过程

效果图片欣赏

13.1 效果欣赏与技术提炼

在制作图书宣传视频之前，首先带领读者预览图书宣传视频的画面效果，让读者更容易掌握图书宣传视频的制作方法。

13.1.1 效果欣赏

下面以图书宣传为例，主要介绍制作图书宣传视频的操作方法，效果如图 13-1 所示。

图 13-1　效果欣赏

13.1.2　技术提炼

用户首先需要将图书宣传视频的素材导入素材库中；接着添加背景视频至视频轨道中，并将照片素材也添加至轨道上；然后为素材添加动画效果；最后添加字幕、音乐文件。

13.2　视频制作过程

本节主要介绍图书宣传视频文件的制作过程，包括导入图书宣传视频素材、片头效果、动态效果和片尾效果以及后期输出等内容。

13.2.1　导入图书宣传视频素材

在编辑图书宣传视频之前，首先需要导入媒体素材文件。下面介绍导入图书宣传视频的操作方法。

素材文件	素材 \ 第 13 章 \ "图书宣传" 文件夹
效果文件	无
视频文件	视频 \ 第 13 章 \13.2.1 导入图书宣传视频素材 .mp4

【操练 + 视频】——导入图书宣传视频素材

STEP 01 ❶新建一个名为 "图书宣传" 的项目文件；❷单击 "创建" 按钮，如图 13-2 所示。

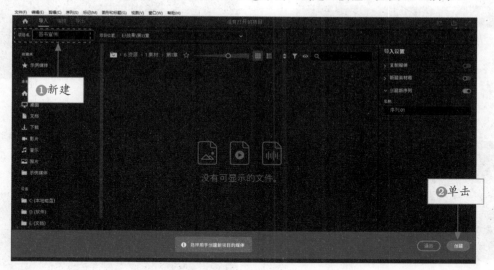

图 13-2　新建项目文件

STEP 02 选择 "文件" | "导入" 命令，弹出 "导入" 对话框，在其中选择合适的素材，如图 13-3 所示。

STEP 03 单击 "打开" 按钮，即可将选择的图像文件导入到 "项目" 面板中，如图 13-4 所示。

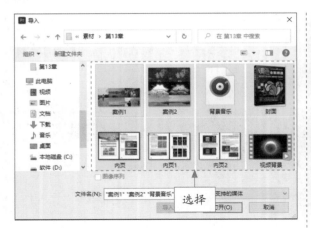

图 13-3　选择合适的素材

图 13-4　导入到"项目"面板中

STEP 04 选择"文件"|"新建"|"序列"命令，新建一个序列，拖曳时间指示器至 00:00:02:23 的位置，将导入的图像文件"封面.png"拖曳至"时间轴"面板中的 V2 轨道上，如图 13-5 所示。

图 13-5　拖曳素材至"时间轴"面板

STEP 05 选择 V2 轨道中的素材文件，拖曳时间指示器至 00:00:04:03 的位置，在"效果控件"面板中，❶展开"运动"选项；❷单击"位置"选项左侧的"切换动画"按钮🕐，如图 13-6 所示，即可添加关键帧。

STEP 06 拖曳时间指示器至 00:00:03:10 的位置，设置"位置"为（960.0，680.0），如图 13-7 所示，即可添加关键帧。

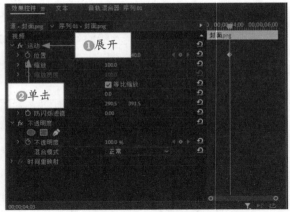

图 13-6　添加关键帧（1）

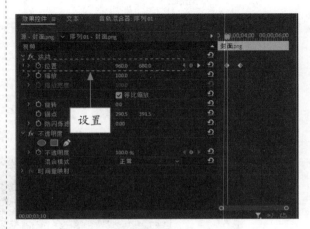

图 13-7　添加关键帧（2）

STEP 07 拖曳时间指示器至 00:00:03:00 的位置，❶展开"不透明度"选项；❷单击"不透明度"选项左侧的"切换动画"按钮🕐，如图 13-8 所示，即可添加关键帧。

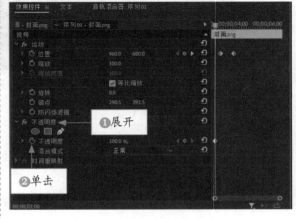

图 13-8　添加关键帧（3）

STEP 08 拖曳时间指示器至 00:00:02:23 的位置,设置"不透明度"为 0.0%,如图 13-9 所示,即可添加关键帧。

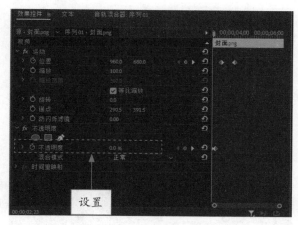

图 13-9　添加关键帧(4)

13.2.2　制作图书宣传背景效果

将图书宣传素材导入"项目"面板后,接下来用户可以将视频文件添加至视频轨道中,制作图书宣传视频画面效果。下面介绍具体的操作方法。

素材文件	无
效果文件	无
视频文件	视频 \ 第 13 章 \13.2.2　制作图书宣传背景效果 .mp4

【操练 + 视频】
——制作图书宣传背景效果

STEP 01 在"项目"面板中,将"视频背景 .mp4"素材添加到 V1 轨道,如图 13-10 所示。

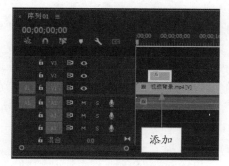

图 13-10　将素材添加到视频轨道中

STEP 02 选中 V1 轨道上的素材,单击鼠标右键,在弹出的快捷菜单中选择"取消链接"命令,将视频与音频分离,如图 13-11 所示。

图 13-11　选择"取消链接"命令

STEP 03 选中 A1 轨道上的音频素材,按 Delete 键将其删除,如图 13-12 所示。

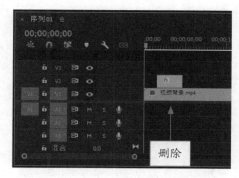

图 13-12　删除音频素材

STEP 04 在"节目监视器"面板中,单击"播放 - 停止切换"按钮 ▶,即可预览图像效果,如图 13-13 所示。

图 13-13　预览图像效果

13.2.3 制作图书宣传片头效果

在 Premiere Pro 2023 中，为图书宣传片制作片头动画效果，可以提升视频的视觉效果。下面介绍制作图书宣传视频片头效果的操作方法。

素材文件	无
效果文件	无
视频文件	视频\第 13 章\13.2.3　制作图书宣传片头效果 .mp4

【操练＋视频】
——制作图书宣传片头效果

STEP 01 拖曳时间指示器至 00:00:06:27 的位置，将鼠标指针移动至 V2 轨道中素材的最右侧，按住鼠标左键向左拖动至 00:00:06:27 的位置，即可调整素材的持续时间，如图 13-14 所示。

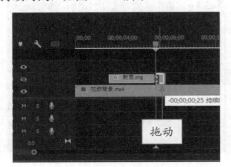

图 13-14　调整素材的持续时间

STEP 02 在"效果控件"面板中，❶展开"不透明度"选项；❷单击"创建椭圆形蒙版"按钮■，如图 13-15 所示，即可创建一个椭圆形蒙版。

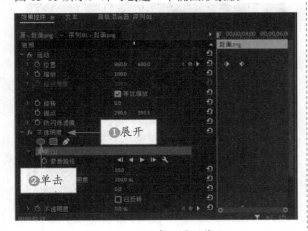

图 13-15　创建椭圆形蒙版

STEP 03 拖曳时间指示器至 00:00:03:00 的位置，❶展开"蒙版"选项；❷单击"蒙版路径"和"蒙版扩展"左侧的"切换动画"按钮■，如图 13-16 所示，即可添加一组关键帧。

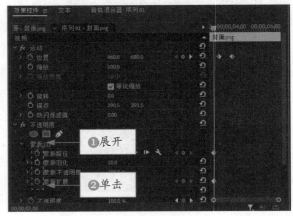

图 13-16　添加关键帧（1）

STEP 04 在"节目监视器"面板中调整蒙版的形状，使其贴合视频背景的图案，如图 13-17 所示。

图 13-17　调整蒙版形状

STEP 05 拖曳时间指示器至 00:00:02:23 的位置，再次在"节目监视器"面板中调整蒙版的形状，使其往上缩小成椭圆形状，如图 13-18 所示。

STEP 06 ❶拖曳时间指示器至 00:00:04:03 的位置；❷设置"蒙版扩展"为 350.0，如图 13-19 所示，即可添加关键帧。

STEP 07 ❶拖曳时间指示器至 00:00:05:16 的位置；❷单击"位置"和"蒙版扩展"选项右侧的"添加 / 移除关键帧"按钮■，如图 13-20 所示，即可添加关键帧。

图 13-18　调整蒙版形状

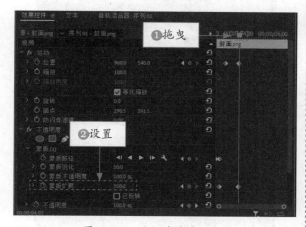

图 13-19　添加关键帧（2）

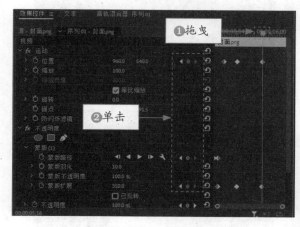

图 13-20　添加关键帧（3）

STEP 08 ❶拖曳时间指示器至 00:00:06:11 的位置；❷设置"位置"为（960.0，680.0），"蒙版扩展"为 0.0，如图 13-21 所示，即可添加关键帧。

STEP 09 ❶拖曳时间指示器至 00:00:06:22 的位置；❷单击"不透明度"选项右侧的"添加 / 移除关键帧"按钮，如图 13-22 所示，即可添加关键帧。

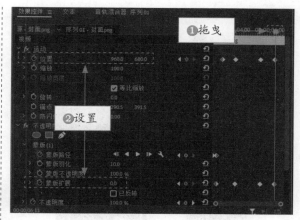

图 13-21　添加关键帧（4）

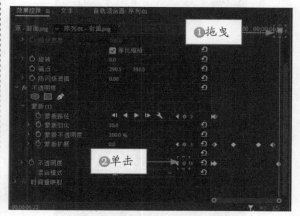

图 13-22　添加关键帧（5）

STEP 10 ❶拖曳时间指示器至 00:00:06:27 的位置；❷设置"不透明度"为 0.0%，如图 13-23 所示，即可添加关键帧。

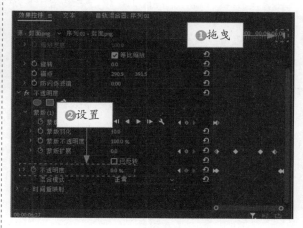

图 13-23　添加关键帧（6）

STEP 11 拖曳时间指示器至 00:00:00:07 的位置，选取"文字工具" ![T]，在"节目监视器"面板中单击，新建两个字幕文本框，在其中输入图形字幕"调色全面精通"和"配色方法＋照片调色＋视频调色＋电影调色"，如图 13-24 所示。

图 13-24　输入字幕

STEP 12 在"基本图形"面板中，选择"调色全面精通"字幕，设置字幕文件的"字体"为"楷体"，"字体大小"为 150，位置为（510.0，520.9），如图 13-25 所示。

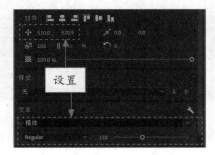

图 13-25　设置相应参数

STEP 13 在"外观"选项区中，单击"填充"下方的颜色色块，在弹出的"拾色器"对话框中，①选择"线性渐变"选项；②单击中间的"色标"按钮 ![]；③设置 RGB 值为（19，42，142），"位置"为 50%，Angle 为 90°；④移动"色标"按钮两侧的"颜色中点"按钮 ![] 至合适的位置，如图 13-26 所示。

STEP 14 设置左侧"色标"的 RGB 值为（163，91，209），"位置"为 0%，Angle 为 90°，如图 13-27 所示。

STEP 15 ①设置右侧"色标"的 RGB 值为（131，76，206），"位置"为 100%，Angle 为 90°；②单击"确定"按钮，即可完成字幕填充颜色的设置，如图 13-28 所示。

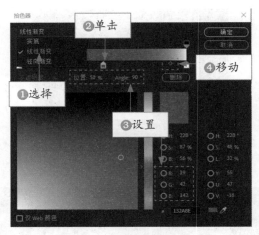

图 13-26　设置"拾色器"属性

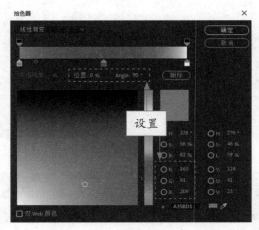

图 13-27　设置左侧"色标"参数

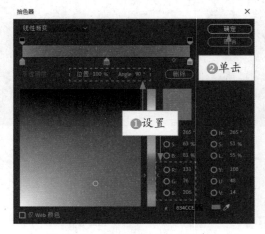

图 13-28　设置右侧"色标"参数

STEP 16 在"基本图形"面板中，①选中"描边"复选框；②设置"描边宽度"为 2.0；③展开"描边"右侧的下拉列表框，选择"外侧"选项，如图 13-29 所示，即可完成"描边"参数设置。

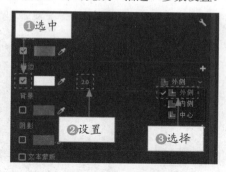

图 13-29　设置"描边"参数

STEP 17 在"基本图形"面板中，选择"配色方法＋照片调色＋视频调色＋电影调色"字幕，设置字幕文件的"字体"为"楷体"，"字体大小"为100，"位置"为（85.0，681.9），如图 13-30 所示。

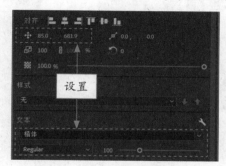

图 13-30　设置图形字幕参数

STEP 18 重复步骤 13 至步骤 16 的操作，将"配色方法＋照片调色＋视频调色＋电影调色"字幕的"外观"参数设置成与"调色全面精通"字幕相同，如图 13-31 所示。

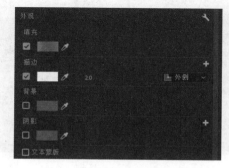

图 13-31　设置"外观"参数

STEP 19 在"节目监视器"面板中，即可预览字幕样式，如图 13-32 所示。

图 13-32　预览字幕样式

STEP 20 选择 V3 轨道中的字幕素材文件，❶拖曳时间指示器至 00:00:00:07 的位置；❷在"效果控件"面板中，单击"位置""缩放"和"不透明度"选项左侧的"切换动画"按钮，如图 13-33 所示，即可添加关键帧。

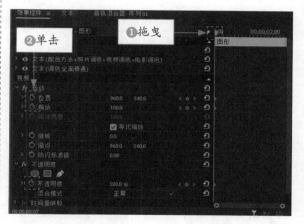

图 13-33　添加关键帧（1）

STEP 21 设置"位置"为（248.0，299.0），"缩放"为 10.0，"不透明度"为 0.0%，如图 13-34 所示。

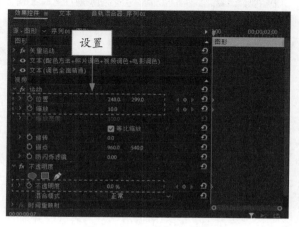

图 13-34　设置相应参数

STEP 22 ●拖曳时间指示器至 00:00:00:11 的位置；
●在"效果控件"面板中，设置"位置"为（291.4，386.8），如图 13-35 所示，即可添加关键帧。

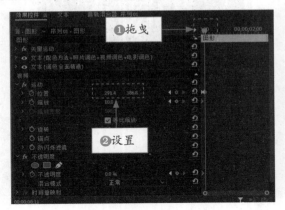

图 13-35　添加关键帧（2）

STEP 23 ●拖曳时间指示器至 00:00:00:27 的位置；
●在"效果控件"面板中，设置"位置"为（501.1，511.6），"不透明度"为 100.0%，如图 13-36 所示，即可添加关键帧。

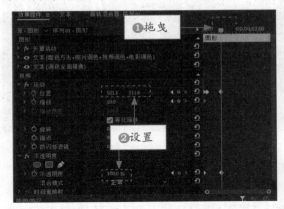

图 13-36　添加关键帧（3）

STEP 24 ●拖曳时间指示器至 00:00:01:22 的位置；
●在"效果控件"面板中，设置"位置"为（960.0，540.0），"缩放"为 100.0，如图 13-37 所示，即可添加关键帧。

STEP 25 ●拖曳时间指示器至 00:00:02:04 的位置；
●单击"位置"和"缩放"选项右侧的"添加/移除关键帧"按钮●，如图 13-38 所示，即可添加关键帧。

STEP 26 ●拖曳时间指示器至 00:00:02:09 的位置；
●在"效果控件"面板中单击"不透明度"选项右

侧的"添加/移除关键帧"按钮●，如图 13-39 所示，即可添加关键帧。

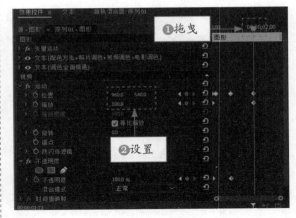

图 13-37　添加关键帧（4）

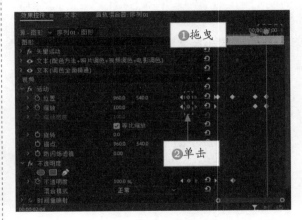

图 13-38　添加关键帧（5）

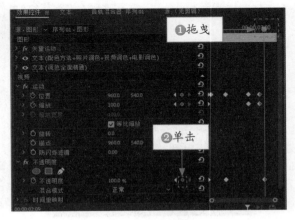

图 13-39　添加关键帧（6）

STEP 27 ●拖曳时间指示器至 00:00:02:20 的位置；
●在"效果控件"面板中，设置"位置"为（960.0，

450.0），"缩放"为 120.0，"不透明度"为 0.0%，如图 13-40 所示，即可添加关键帧。

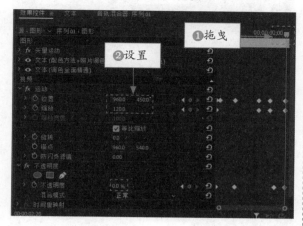

图 13-40　添加关键帧（7）

STEP 28 在"节目监视器"面板中，单击"播放 - 停止切换"按钮▶，即可预览图书宣传片头效果，如图 13-41 所示。

图 13-41　预览片头效果

13.2.4　制作图书宣传动态效果

图书宣传视频是以图片预览为主的视频动画，因此用户需要准备好图书的图片素材，并为图片添加相应的动态效果。下面介绍制作图书宣传动态效果的操作方法。

素材文件	无
效果文件	无
视频文件	视频 \ 第 13 章 \13.2.4　制作图书宣传动态效果 .mp4

【操练 + 视频】
——制作图书宣传动态效果

STEP 01 拖曳时间指示器至 00:00:07:12 的位置，将导入的图像文件"案例 1.png"拖曳至"时间轴"面板中的 V2 轨道上，如图 13-42 所示。

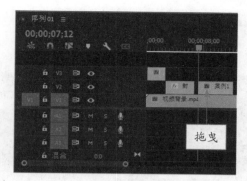

图 13-42　拖曳素材至"时间轴"面板

STEP 02 选择 V2 轨道中的素材文件，在"效果控件"面板中，设置"位置"为（1236.0，686.0），"缩放"为 135.0，如图 13-43 所示。

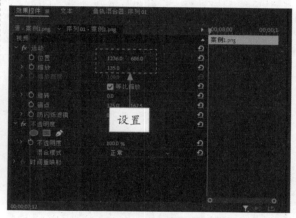

图 13-43　设置相应参数

STEP 03 在"效果控件"面板中，❶展开"不透明度"选项；❷单击"不透明度"选项左侧的"切换动画"按钮，如图 13-44 所示，即可添加关键帧。

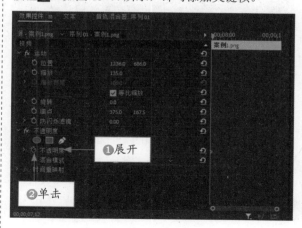

图 13-44　添加关键帧（1）

STEP 04 ❶拖曳时间指示器至 00:00:07:14 的位置；❷设置"不透明度"为 0.0%，如图 13-45 所示，即可添加关键帧。

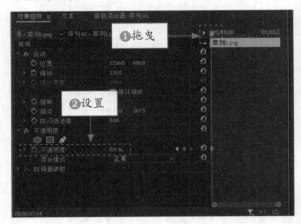

图 13-45　添加关键帧（2）

STEP 05 ❶拖曳时间指示器至 00:00:07:15 的位置；❷设置"不透明度"为 80.0%，如图 13-46 所示，即可添加关键帧。

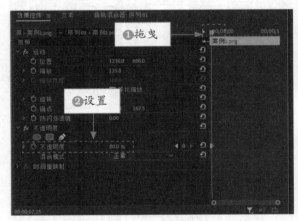

图 13-46　添加关键帧（3）

STEP 06 ❶拖曳时间指示器至 00:00:07:16 的位置；❷设置"不透明度"为 0.0%，如图 13-47 所示，即可添加关键帧。

STEP 07 ❶拖曳时间指示器至 00:00:07:18 的位置；❷设置"不透明度"为 100.0%，如图 13-48 所示，即可添加关键帧。

STEP 08 ❶拖曳时间指示器至 00:00:07:20 的位置；❷设置"不透明度"为 0.0%，如图 13-49 所示，即可添加关键帧。

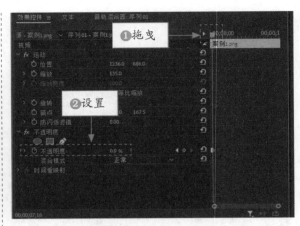

图 13-47　添加关键帧（4）

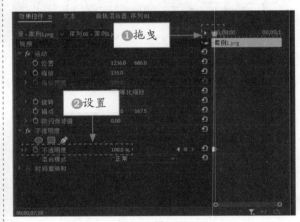

图 13-48　添加关键帧（5）

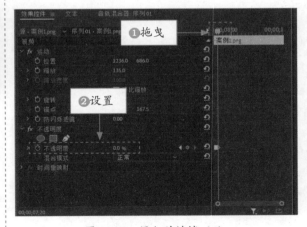

图 13-49　添加关键帧（6）

STEP 09 ❶拖曳时间指示器至 00:00:07:21 的位置；❷设置"不透明度"为 80.0%，如图 13-50 所示，即可添加关键帧。

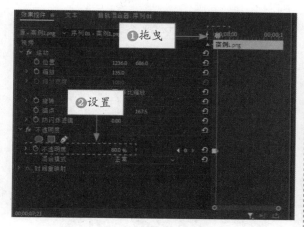

图 13-50　添加关键帧（7）

STEP 10 ❶拖曳时间指示器至 00:00:07:24 的位置；❷设置"不透明度"为 100.0%，如图 13-51 所示，即可添加关键帧。

图 13-51　添加关键帧（8）

STEP 11 ❶拖曳时间指示器至 00:00:11:04 的位置，将鼠标指针移动至 V2 轨道中素材的末尾；❷按住鼠标左键向左拖动至 00:00:11:04 的位置，即可调整素材的持续时间，如图 13-52 所示。

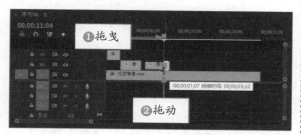

图 13-52　调整素材的持续时间

STEP 12 ❶拖曳时间指示器至 00:00:10:25 的位置；❷单击"不透明度"选项右侧的"添加/移除关键帧"按钮，如图 13-53 所示，即可添加关键帧。

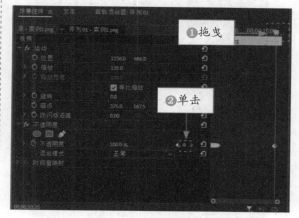

图 13-53　添加关键帧（9）

STEP 13 ❶拖曳时间指示器至 00:00:11:02 的位置；❷设置"不透明度"为 0.0%，如图 13-54 所示，即可添加关键帧。

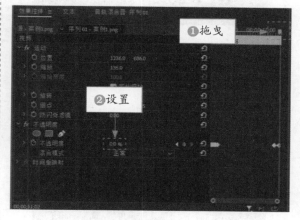

图 13-54　添加关键帧（10）

STEP 14 拖曳时间指示器至 00:00:07:01 的位置，选取"文字工具"，在"节目监视器"面板中单击，新建两个字幕文本框，在其中输入图形字幕"10 章专题内容"和"110 多个案例"，如图 13-55 所示。

STEP 15 在"基本图形"面板中，选择"10 章专题内容"字幕，设置字幕文件的"字体"为"楷体"，"字体大小"为 110，"位置"为（126.1，168.3），如图 13-56 所示。

图 13-55　输入字幕

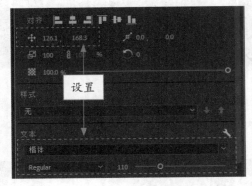

图 13-56　设置相应参数

STEP 16 在"基本图形"面板中,选择"110多个案例"字幕,设置字幕文件的"字体"为"楷体","字体大小"为110,"位置"为(535.0,292.0),如图 13-57 所示。

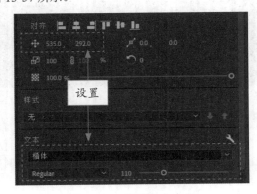

图 13-57　设置相应参数

STEP 17 以片头的字幕外观设置为例,将"10 章专题内容"字幕和"110 多个案例"字幕的"外观"参数设置成与片头的字幕相同,如图 13-58 所示。

STEP 18 在"节目监视器"面板中即可预览字幕样式,如图 13-59 所示。

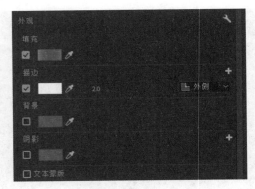

图 13-58　设置"外观"参数

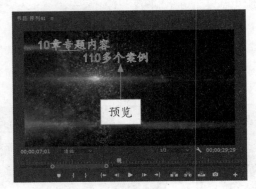

图 13-59　预览字幕样式

STEP 19 ❶拖曳时间指示器至 00:00:11:05 的位置,将鼠标指针移动至 V3 轨道中素材的末尾;❷按住鼠标左键向左拖动至 00:00:11:05 的位置,即可调整素材的持续时间,如图 13-60 所示。

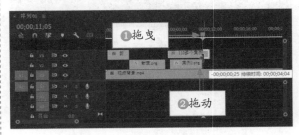

图 13-60　调整素材的持续时间

STEP 20 选择 V3 轨道中的素材文件,拖曳时间指示器至 00:00:07:01 的位置,在"效果控件"面板中,❶展开"不透明度"选项;❷单击"不透明度"选项左侧的"切换动画"按钮,如图 13-61 所示,即可添加关键帧。

STEP 21 在"效果控件"面板中,设置"不透明度"为 50.0%,如图 13-62 所示。

STEP 22 ❶拖曳时间指示器至 00:00:07:03 的位置;

❷设置"不透明度"为 0.0%，如图 13-63 所示，即可添加关键帧。

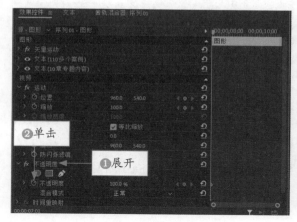

图 13-61　添加关键帧（1）

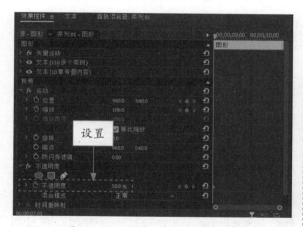

图 13-62　设置"不透明度"参数

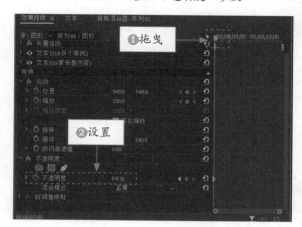

图 13-63　添加关键帧（2）

STEP 23 ❶拖曳时间指示器至 00:00:07:04 的位置；

❷设置"不透明度"为 100.0%，如图 13-64 所示，即可添加关键帧。

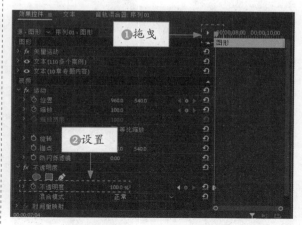

图 13-64　添加关键帧（3）

STEP 24 ❶拖曳时间指示器至 00:00:07:06 的位置；❷设置"不透明度"为 0.0%，如图 13-65 所示，即可添加关键帧。

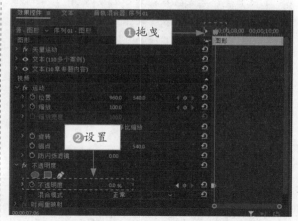

图 13-65　添加关键帧（4）

STEP 25 ❶拖曳时间指示器至 00:00:07:08 的位置；❷设置"不透明度"为 80.0%，如图 13-66 所示，即可添加关键帧。

STEP 26 ❶拖曳时间指示器至 00:00:07:09 的位置；❷设置"不透明度"为 100.0%，如图 13-67 所示，即可添加关键帧。

STEP 27 ❶拖曳时间指示器至 00:00:10:19 的位置；❷单击"位置"和"缩放"选项左侧的"切换动画"按钮、"不透明度"右侧的"添加 / 移除关键帧"按钮，如图 13-68 所示。

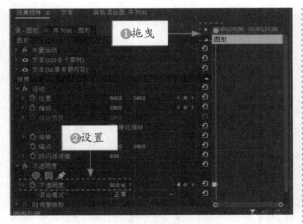

图 13-66　添加关键帧（5）

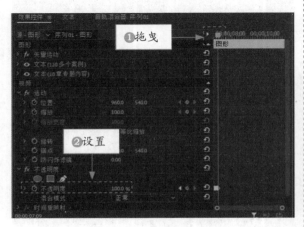

图 13-67　添加关键帧（6）

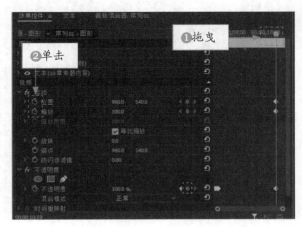

图 13-68　添加关键帧（7）

STEP 28 ❶拖曳时间指示器至 00:00:11:01 的位置；❷设置"位置"为（975.0，570.0），"缩放"为110.0，"不透明度"为 0.0%，如图 13-69 所示，即可完成字幕的参数设置。

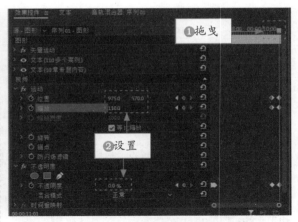

图 13-69　设置关键帧参数

STEP 29 在"节目监视器"面板中单击"播放 - 停止切换"按钮▶，即可预览动画效果，如图 13-70所示。

图 13-70　预览动画效果

13.2.5　制作图书宣传展示效果

宣传图书时往往需要介绍图书内容，可以制作视频动画来展示图书的案例与内页，因此用户需要准备好对应的图片素材，并为图片添加相应的展示效果。下面介绍制作图书宣传展示效果的操作方法。

	素材文件	无
	效果文件	无
	视频文件	视频 \ 第 13 章 \13.2.5　制作图书宣传展示效果 .mp4

【操练 + 视频】
——制作图书宣传展示效果

STEP 01 拖曳时间指示器至 00:00:11:16 的位置，选取"文字工具" **T**，在"节目监视器"面板中单击鼠标左键，新建一个字幕文本框，在其中输入图形字幕"精美案例，全彩内页"，如图 13-71 所示。

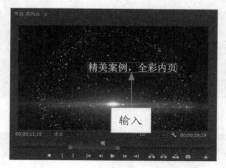

图 13-71　输入字幕

STEP 02 在"基本图形"面板中，选择"精美案例，全彩内页"字幕，设置字幕文件的"字体"为"楷体"，"字体大小"为 160，"位置"为（240.0，441.8），如图 13-72 所示。

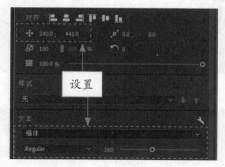

图 13-72　设置相应参数

STEP 03 以片头的字幕外观设置为例，将"精美案例，全彩内页"字幕的"外观"参数设置成与片头的字幕相同，如图 13-73 所示。

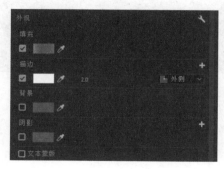

图 13-73　设置"外观"参数

STEP 04 在"节目监视器"面板中即可预览字幕样式，如图 13-74 所示。

图 13-74　预览字幕样式

STEP 05 执行操作后，❶拖曳时间指示器至 00:00:14:24 的位置，将鼠标指针移动至 V2 轨道中素材的末尾；❷按住鼠标左键向左拖动至 00:00:14:24 的位置，即可调整素材的持续时间，如图 13-75 所示。

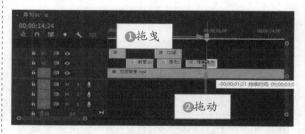

图 13-75　调整素材的持续时间

STEP 06 选择 V2 轨道中的素材文件，❶拖曳时间指示器至 00:00:11:16 的位置；❷在"效果控件"面板中，单击"位置""缩放"和"不透明度"选项左侧的"切换动画"按钮 ◙，如图 13-76 所示，即可添加关键帧。

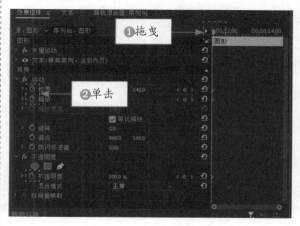

图 13-76　添加关键帧（1）

STEP 07 在"效果控件"面板中，设置"位置"为（960.0，379.0），"缩放"为 13.0，"不透明度"为 0.0%，如图 13-77 所示，调整字幕效果。

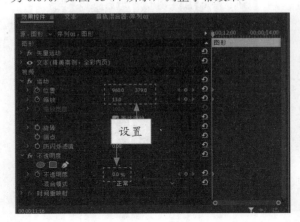

图 13-77　设置关键帧参数

STEP 08 ❶拖曳时间指示器至 00:00:12:21 的位置；❷设置"不透明度"为 100.0%，如图 13-78 所示，即可添加关键帧。

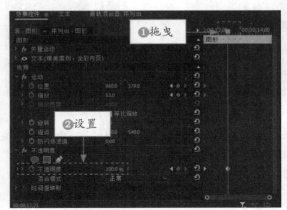

图 13-78　添加关键帧（2）

STEP 09 ❶拖曳时间指示器至 00:00:13:03 的位置；❷设置"位置"为（960.0，540.0），"缩放"为 100.0，如图 13-79 所示，即可添加关键帧。

STEP 10 ❶拖曳时间指示器至 00:00:14:00 的位置；❷单击"位置""缩放"和"不透明度"选项右侧的"添加 / 移除关键帧"按钮◉，如图 13-80 所示，即可添加关键帧。

STEP 11 ❶拖曳时间指示器至 00:00:14:24 的位置；❷设置"位置"为（560.0，540.0），"不透明度"为 0.0%，如图 13-81 所示，即可添加关键帧。

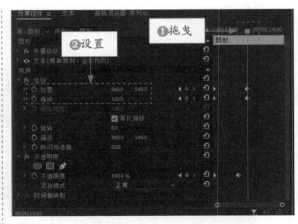

图 13-79　添加关键帧（3）

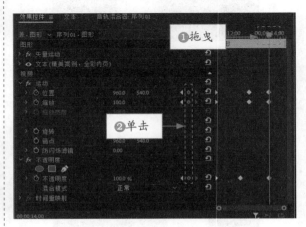

图 13-80　添加关键帧（4）

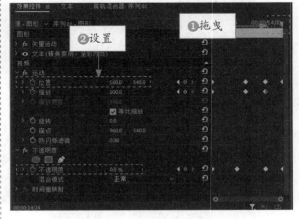

图 13-81　添加关键帧（5）

STEP 12 在"节目监视器"面板中单击"播放 - 停止切换"按钮▶，即可预览动画效果，如图 13-82 所示。

图 13-82 预览动画效果

STEP 13 拖曳时间指示器至 00:00:14:24 的位置，将导入的图像文件"案例 2.png"拖曳至"时间轴"面板中的 V2 轨道上，如图 13-83 所示。

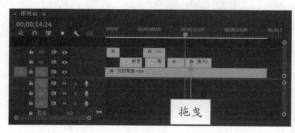

图 13-83 拖曳素材至"时间轴"面板

STEP 14 ❶拖曳时间指示器至 00:00:17:12 的位置，将鼠标指针移动至 V2 轨道中素材的末尾；❷按住鼠标左键向左拖动至 00:00:17:12 的位置，即可调整素材的持续时间，如图 13-84 所示。

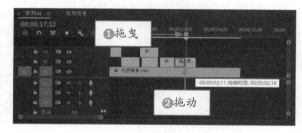

图 13-84 调整素材的持续时间

STEP 15 选择 V2 轨道中的素材文件，在"效果控件"面板中，设置"位置"为（1390.0，540.0），"缩放"为 135.0，如图 13-85 所示。

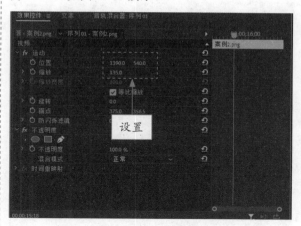

图 13-85 设置相应参数

STEP 16 ❶拖曳时间指示器至 00:00:14:24 的位置；❷在"效果控件"面板中，展开"不透明度"选项；❸单击"位置""缩放"和"不透明度"选项左侧的"切换动画"按钮 ，如图 13-86 所示，即可添加关键帧。

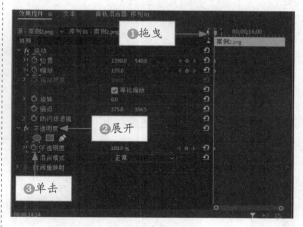

图 13-86 添加关键帧（1）

STEP 17 在"效果控件"面板中，设置"位置"为（1922.0，540.0），"缩放"为 56.0，"不透明度"为 0.0%，如图 13-87 所示。

STEP 18 ❶拖曳时间指示器至 00:00:15:17 的位置；❷设置"不透明度"为 100.0%，如图 13-88 所示，即可添加关键帧。

STEP 19 ❶拖曳时间指示器至 00:00:15:26 的位置；❷设置"位置"为（1390.0，540.0），"缩放"为

Premiere Pro 2023 全面精通
视频剪辑+颜色调整+转场特效+字幕制作+案例实战

135.0，如图 13-89 所示，即可添加关键帧。

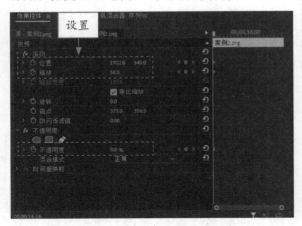

图 13-87　设置关键帧参数

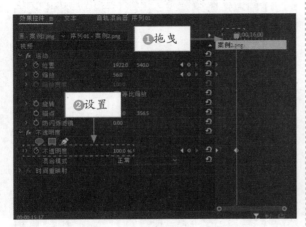

图 13-88　添加关键帧（2）

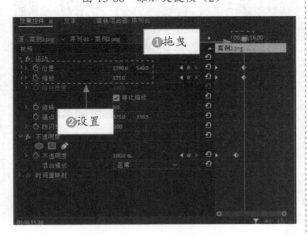

图 13-89　添加关键帧（3）

STEP 20 ❶拖曳时间指示器至 00:00:17:04 的位置；❷单击"位置""缩放"和"不透明度"选项右侧

的"添加 / 移除关键帧"按钮◎，如图 13-90 所示，即可添加关键帧。

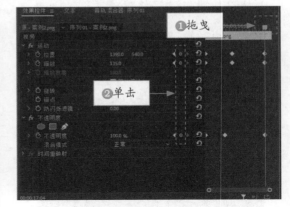

图 13-90　添加关键帧（4）

STEP 21 ❶拖曳时间指示器至 00:00:17:12 的位置；❷设置"缩放"为 145.0，"不透明度"为 0.0%，即可完成素材文件的动画参数设置，如图 13-91 所示。

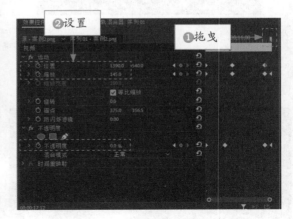

图 13-91　添加关键帧（5）

STEP 22 在"节目监视器"面板中单击"播放 - 停止切换"按钮▶，即可预览动画效果，如图 13-92 所示。

STEP 23 ❶长按"文字工具"按钮▼；❷在弹出的列表框中选择"垂直文字工具"选项，如图 13-93 所示。

STEP 24 拖曳时间指示器至 00:00:14:24 的位置，在"节目监视器"面板中单击，新建一个字幕文本框，在其中输入字幕"案例展示"，如图 13-94 所示。

STEP 25 ❶选择 V3 轨道上的素材文件，在"基本图形"面板中，选择"案例展示"字幕，设置字幕文件的

"字体"为"楷体","字体大小"为 228,"位置"为(363.3,75.6),如图 13-95 所示。

图 13-92 预览动画效果

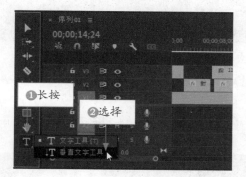

图 13-93 选择"垂直文字工具"选项

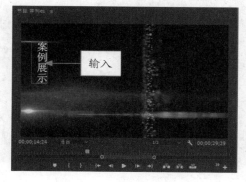

图 13-94 输入字幕内容

图 13-95 设置相应参数

STEP 26 以片头的字幕外观设置为例,将"案例展示"字幕的"外观"参数设置成与片头的字幕相同,如图 13-96 所示。

图 13-96 设置"外观"参数

STEP 27 在"节目监视器"面板中即可预览字幕效果,如图 13-97 所示。

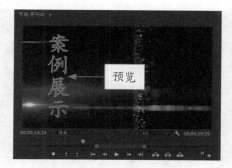

图 13-97 预览字幕效果

STEP 28 ❶拖曳时间指示器至 00:00:17:12 的位置,将鼠标指针移动至 V3 轨道中素材的末尾;❷按住鼠标左键向左拖动至 00:00:17:12 的位置,即可调整素材的持续时间,如图 13-98 所示。

图 13-98 调整素材的持续时间

STEP 29 选择 V3 轨道中的素材文件,❶拖曳时间指示器至 00:00:14:24 的位置;❷在"效果控件"面板中,单击"位置""缩放"和"不透明度"选项左侧的"切换动画"按钮 ,如图 13-99 所示,即可添加关键帧。

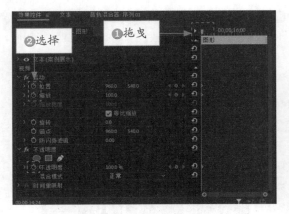

图 13-99　添加关键帧（1）

STEP 30 在"效果控件"面板中，设置"位置"为（1373.0，540.0），"缩放"为 50.0，"不透明度"为 0.0%，如图 13-100 所示。

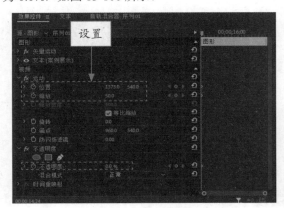

图 13-100　设置关键帧参数

STEP 31 ❶拖曳时间指示器至 00:00:15:17 的位置；❷设置"不透明度"为 100.0%，如图 13-101 所示，即可添加关键帧。

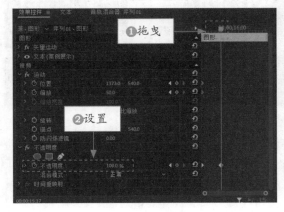

图 13-101　添加关键帧（2）

STEP 32 ❶拖曳时间指示器至 00:00:15:26 的位置；❷设置"位置"为（960.0，540.0），"缩放"为 100.0，如图 13-102 所示，即可添加关键帧。

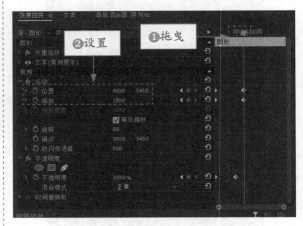

图 13-102　添加关键帧（3）

STEP 33 ❶拖曳时间指示器至 00:00:17:04 的位置；❷单击"位置""缩放"和"不透明度"选项右侧的"添加/移除关键帧"按钮，如图 13-103 所示，即可添加关键帧。

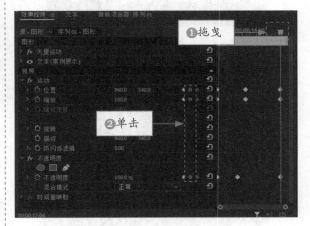

图 13-103　添加关键帧（4）

STEP 34 ❶拖曳时间指示器至 00:00:17:12 的位置；❷设置"缩放"为 110.0，"不透明度"为 0.0%，即可完成素材文件的动画参数设置，如图 13-104 所示。

STEP 35 在"节目监视器"面板中单击"播放 - 停止切换"按钮▶，即可预览动画效果，如图 13-105 所示。

STEP 36 拖曳时间指示器至 00:00:17:28 的位置，选取"文字工具"，在"节目监视器"面板中单击，新建一个字幕文本框，在其中输入字幕"内页展示"，如图 13-106 所示。

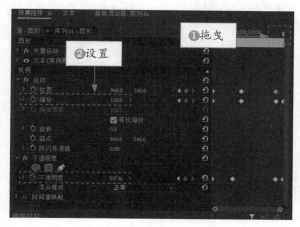

图 13-104 添加关键帧（5）

图 13-105 预览动画效果

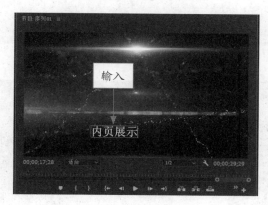

图 13-106 输入字幕

STEP 37 在"基本图形"面板中，选择"内页展示"字幕，设置字幕文件的"字体"为"楷体"，"字体大小"为 180，"位置"为（600.0，891.2），如图 13-107 所示。

STEP 38 以片头的字幕外观设置为例，将"内页展示"字幕的"外观"参数设置成与片头的字幕相同，

如图 13-108 所示。

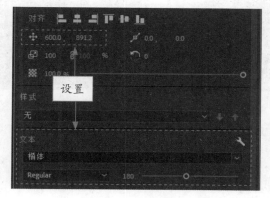

图 13-107 设置相应参数

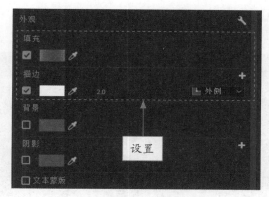

图 13-108 设置"外观"参数

STEP 39 在"节目监视器"面板中即可预览字幕样式，如图 13-109 所示。

图 13-109 预览字幕样式

STEP 40 ❶拖曳时间指示器至 00:00:21:13 的位置，将鼠标指针移动至 V2 轨道中素材的末尾；❷按住鼠标左键向左拖动至 00:00:21:13 的位置，即可调整素材的持续时间，如图 13-110 所示。

图 13-110　调整素材的持续时间

STEP 41 选择 V2 轨道中的素材文件，❶拖曳时间
指示器至 00:00:17:28 的位置；❷在"效果控件"面
板中，单击"不透明度"选项左侧的"切换动画"
按钮，如图 13-111 所示，即可添加关键帧。

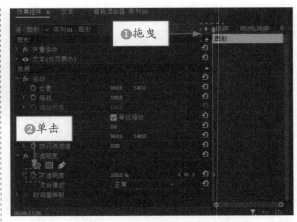

图 13-111　添加关键帧

STEP 42 ❶拖曳时间指示器至图片所示的对应位置；❷依次设置"不透明度"属性参数，如图 13-112 所示，
即可添加相应关键帧。

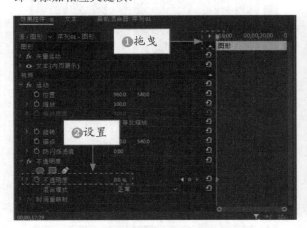

设置"不透明度"参数（1）

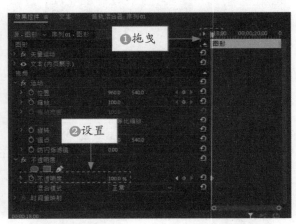

设置"不透明度"参数（2）

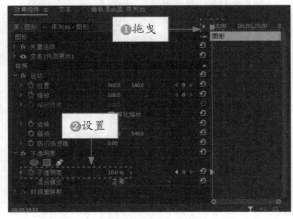

设置"不透明度"参数（3）

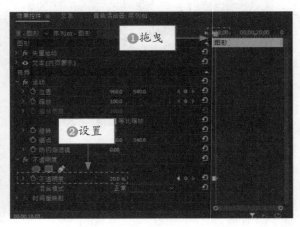

设置"不透明度"参数（4）

图 13-112　添加关键帧（1）

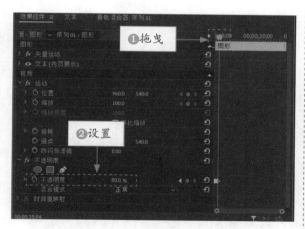

设置"不透明度"参数（5）

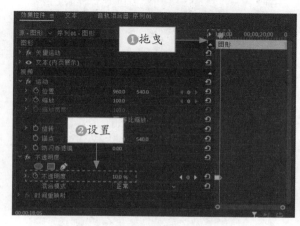

设置"不透明度"参数（6）

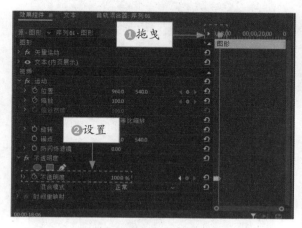

设置"不透明度"参数（7）

图 13-112　添加关键帧（1）（续）

STEP 43 ❶拖曳时间指示器至 00:00:21:00 的位置；❷在"效果控件"面板中，单击"位置"和"缩

放"选项左侧的"切换动画"按钮 ，"不透明度"选项右侧的"添加 / 移除关键帧"按钮 ，如图 13-113 所示，即可添加关键帧。

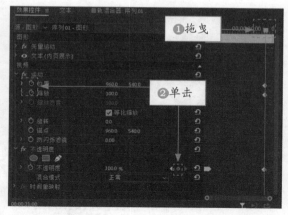

图 13-113　添加关键帧（2）

STEP 44 ❶拖曳时间指示器至 00:00:21:13 的位置；❷设置"位置"为（960.0，510.0），"缩放"为 110.0，"不透明度"为 0.0%，如图 13-114 所示，即可添加关键帧。

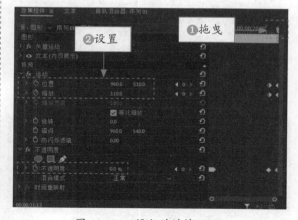

图 13-114　添加关键帧（3）

STEP 45 在"节目监视器"面板中单击"播放 - 停止切换"按钮 ，即可预览动画效果，如图 13-115 所示。

STEP 46 拖曳时间指示器至 00:00:17:12 的位置，将导入的图像文件"内页 .png""内页 1.png""内页 2.png"分别拖曳至"时间轴"面板中的 V3、V4、V5 轨道上，如图 13-116 所示。

STEP 47 拖曳时间指示器至 00:00:21:13 的位置，选取"剃刀工具" ，在"时间轴"面板的三个素材上依次单击，即可剪切素材。选取"选择工具"，选择 V3、V4、V5 三个轨道上的第二段素材，按 Delete 键删除素材，如图 1-117 所示。

00:00:17:12 的位置，依次选择 V3、V4、V5 轨道中的素材文件，在"效果控件"面板中，单击"位置""缩放"和"不透明度"选项左侧的"切换动画"按钮，如图 13-118 所示，即可添加关键帧。

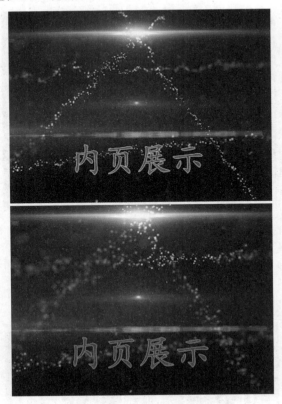

图 13-115　预览动画效果

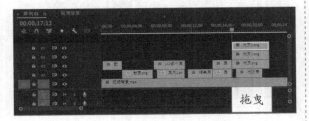

图 13-116　拖曳素材至"时间轴"面板

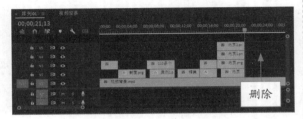

图 13-117　删除多余素材

STEP 48 在"时间轴"面板中，拖曳时间指示器至

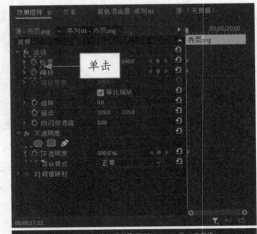

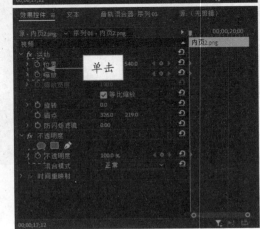

图 13-118　添加关键帧（1）

248

STEP 49 保持时间指示器位于 00:00:17:12 的位置，依次选择 V3、V4、V5 轨道中的素材文件，在"效果控件"面板中，分别设置"位置""缩放"和"不透明度"为相应的参数，如图 13-119 所示。

STEP 50 在"时间轴"面板中，拖曳时间指示器至 00:00:17:25 的位置，依次选择 V3、V4、V5 轨道中的素材文件，在"效果控件"面板中，设置"位置"和"缩放"为相应的参数，如图 13-120 所示，即可添加关键帧。

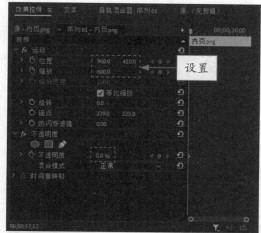
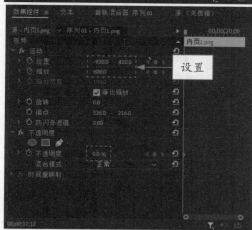

图 13-119　设置关键帧参数

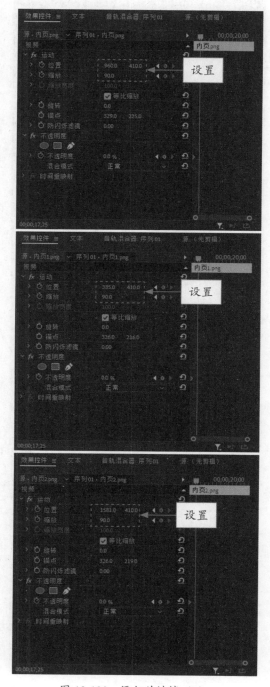

图 13-120　添加关键帧（2）

STEP 51 在"时间轴"面板中，拖曳时间指示器至00:00:18:08 的位置，依次选择 V3、V4、V5 轨道中的素材文件，在"效果控件"面板中，设置"不透明度"为 100.0%，如图 13-121 所示，即可添加关键帧。

STEP 52 在"时间轴"面板中拖曳时间指示器至00:00:20:08 的位置，依次选择 V3、V4、V5 轨道中的素材文件，在"效果控件"面板中，单击"位置""缩放"和"不透明度"选项右侧的"添加 / 移除关键帧"按钮，如图 13-122 所示，即可添加关键帧。

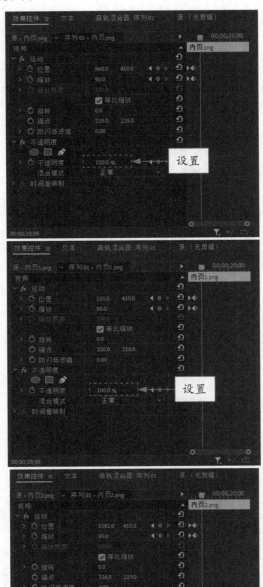

图 13-121 添加关键帧（3）

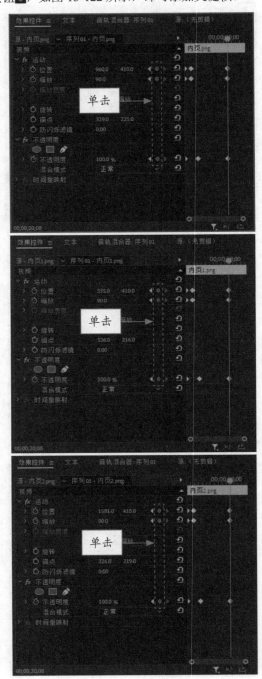

图 13-122 添加关键帧（4）

STEP 53 在"时间轴"面板中,拖曳时间指示器至 00:00:21:13 的位置,依次选择 V3、V4、V5 轨道中的素材文件,在"效果控件"面板中,设置"位置""缩放"和"不透明度"为图中相应的参数,如图 13-123 所示,即可添加关键帧。

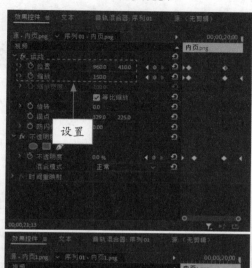

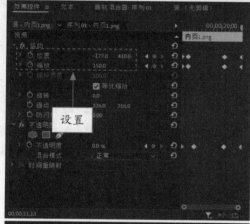

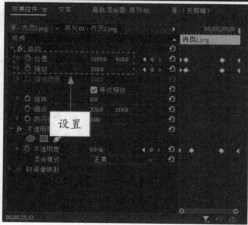

图 13-123　添加关键帧(5)

STEP 54 在"节目监视器"面板中单击"播放 - 停止切换"按钮▶,即可预览动画效果,如图 13-124 所示。

图 13-124　预览动画效果

13.2.6　制作图书宣传片尾效果

在 Premiere Pro 2023 中,当宣传视频的基本编辑接近尾声时,用户便可以开始制作宣传视频的片尾了。下面主要为图书宣传视频的片尾添加字幕效果,再次点明视频的主题。

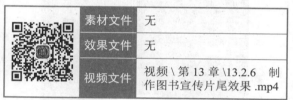

素材文件	无
效果文件	无
视频文件	视频 \ 第 13 章 \13.2.6　制作图书宣传片尾效果 .mp4

【操练 + 视频】
——制作图书宣传片尾效果

STEP 01 拖曳时间指示器至 00:00:22:15 的位置,选取"文字工具"Ｔ,在"节目监视器"面板中单击,新建一个字幕文本框,在其中输入图形字幕"五款软件,一次精通",如图 13-125 所示。

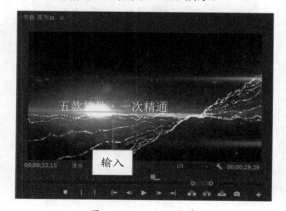

图 13-125　输入字幕

STEP 02 在"基本图形"面板中，选择"五款软件，一次精通"字幕，设置字幕文件的"字体"为"楷体"，"字体大小"为180，"位置"为（150.0，604.7），如图13-126所示。

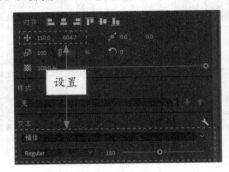

图13-126　设置相应参数

STEP 03 以片头的字幕外观设置为例，将"五款软件，一次精通"字幕的"外观"参数设置成与片头的字幕相同，如图13-127所示。

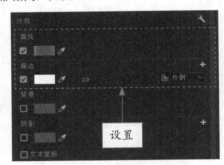

图13-127　设置"外观"参数

STEP 04 在"节目监视器"面板中即可预览字幕样式，如图13-128所示。

图13-128　预览字幕样式

STEP 05 ❶拖曳时间指示器至00:00:26:01的位置，将鼠标指针移动至V2轨道中素材的末尾；❷按住

鼠标左键向左拖动至00:00:26:01的位置，即可调整素材的持续时间，如图13-129所示。

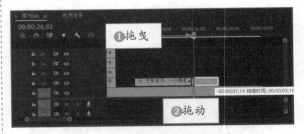

图13-129　调整素材的持续时间

STEP 06 选择V2轨道中的字幕素材文件，❶拖曳时间指示器至00:00:22:15的位置；❷在"效果控件"面板中，单击"不透明度"选项左侧的"切换动画"按钮，如图13-130所示，即可添加关键帧。

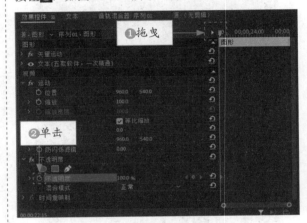

图13-130　添加关键帧（1）

STEP 07 在"效果控件"面板中，设置"不透明度"为50.0%，如图13-131所示。

图13-131　设置关键帧参数

STEP 08 ❶拖曳时间指示器至图中所示的位置；
❷依次设置"不透明度"属性参数，如图 13-132 所示，
即可添加相应关键帧。

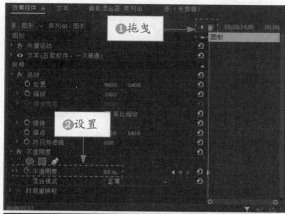

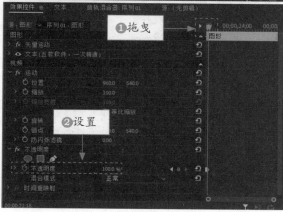

图 13-132　添加关键帧（2）

STEP 09 在"节目监视器"面板中单击"播放-停
止切换"按钮▶，即可预览动画效果，如图 13-133
所示。

图 13-133　预览动画效果

图 13-133　预览动画效果（续）

STEP 10 拖曳时间指示器至 00:00:26:13 的位置，选
取"文字工具"，在"节目监视器"面板中单击
鼠标左键，新建一个字幕文本框，在其中输入图形
字幕"清华大学出版社"，如图 13-134 所示。

图 13-134　输入字幕

STEP 11 在"基本图形"面板中，选择"清华大学
出版社"字幕，设置字幕文件的"字体"为"楷体"、
"字体大小"为 180，"位置"为（330.0，561.0），
如图 13-135 所示。

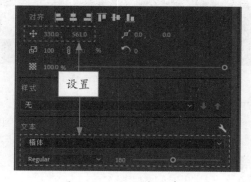

图 13-135　设置相应参数

STEP 12 以片头的字幕外观设置为例，将"清华大
学出版社"字幕的"外观"参数设置成与片头的字

幕相同，如图 13-136 所示。

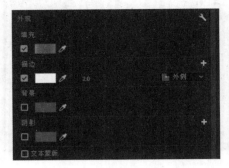

图 13-136　设置"外观"参数

STEP 13 在"节目监视器"面板中即可预览字幕样式，如图 13-137 所示。

图 13-137　预览字幕样式

STEP 14 ❶拖曳时间指示器至 00:00:29:29 的位置，将鼠标指针移动至 V2 轨道中素材的末尾；❷按住鼠标左键向左拖动至 00:00:29:29 的位置，即可调整素材的持续时间，如图 13-138 所示。

图 13-138　调整素材的持续时间

STEP 15 选择 V2 轨道中的字幕素材文件，❶拖曳时间指示器至 00:00:26:13 的位置；❷在"效果控件"面板中，单击"不透明度"选项左侧的"切换动画"按钮，如图 13-139 所示，即可添加关键帧。

STEP 16 ❶拖曳时间指示器至 00:00:26:14 的位置，❷设置"不透明度"为 0.0%，如图 13-140 所示，即可添加关键帧。

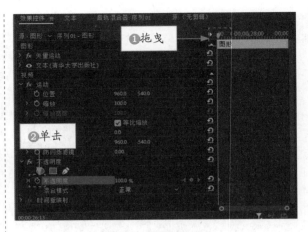

图 13-139　添加关键帧（1）

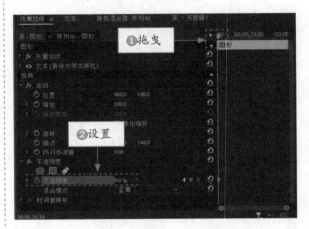

图 13-140　设置关键帧参数

STEP 17 ❶拖曳时间指示器至 00:00:26:17 的位置；❷设置"不透明度"为 100.0%，如图 13-141 所示，即可添加关键帧。

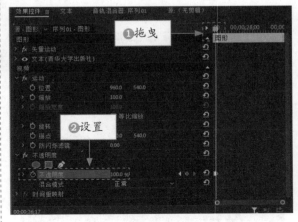

图 13-141　添加关键帧（2）

STEP 18 ❶拖曳时间指示器至 00:00:29:20 的位置；❷在"效果控件"面板中，单击"不透明度"选项右侧的"添加 / 移除关键帧"按钮，如图 13-142 所示，即可添加关键帧。

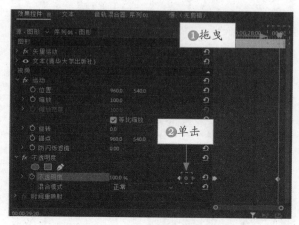

图 13-142　添加关键帧（3）

STEP 19 ❶拖曳时间指示器至 00:00:29:29 的位置；❷设置"不透明度"为 0.0%，如图 13-143 所示，即可添加关键帧。

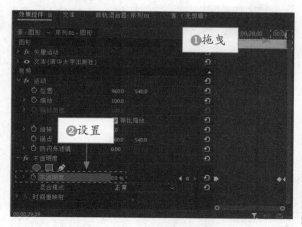

图 13-143　添加关键帧（4）

STEP 20 在"节目监视器"面板中单击"播放 - 停止切换"按钮，即可预览动画效果，如图 13-144 所示。

STEP 21 拖曳时间指示器至 00:00:26:20 的位置，选取"文字工具"，在"节目监视器"面板中单击，新建一个字幕文本框，在其中输入图形字幕"精心出版"，如图 13-145 所示。

STEP 22 在"基本图形"面板中，选择"精心出版"字幕，设置字幕文件的"字体"为"楷体"，

"字体大小"为 150，位置为（660.0，791.6），如图 13-146 所示。

图 13-144　预览动画效果

图 13-145　输入字幕

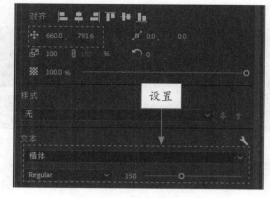

图 13-146　设置相应参数

STEP 23 以片头的字幕外观设置为例，将"精心出版"字幕的"外观"参数设置成与片头的字幕相同，如图 13-147 所示。

STEP 24 在"节目监视器"面板中即可预览字幕样式，如图 13-148 所示。

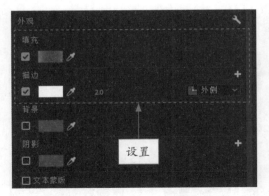

图 13-147　设置"外观"参数

图 13-148　预览字幕样式

STEP 25 ❶拖曳时间指示器至 00:00:29:29 的位置，将鼠标指针移动至 V3 轨道中素材的末尾；❷按住鼠标左键向左拖动至 00:00:29:29 的位置，即可调整素材的持续时间，如图 13-149 所示。

图 13-149　调整素材的持续时间

STEP 26 选择 V3 轨道中的素材文件，❶拖曳时间指示器至 00:00:26:20 的位置；❷在"效果控件"面板中，单击"不透明度"选项左侧的"切换动画"按钮 ，如图 13-150 所示，即可添加关键帧。

STEP 27 ❶拖曳时间指示器至 00:00:26:21 的位置；❷设置"不透明度"为 0.0%，如图 13-151 所示，即可添加关键帧。

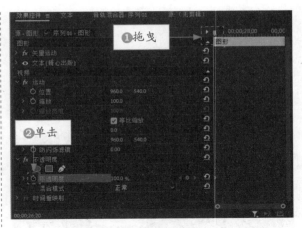

图 13-150　添加关键帧（1）

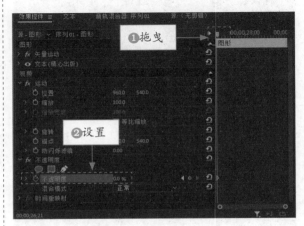

图 13-151　添加关键帧（2）

STEP 28 ❶拖曳时间指示器至 00:00:26:22 的位置；❷设置"不透明度"为 100.0%，如图 13-152 所示，即可添加关键帧。

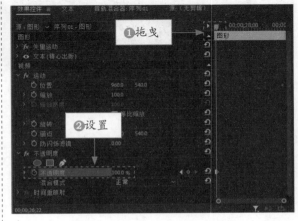

图 13-152　添加关键帧（3）

STEP 29 ❶拖曳时间指示器至 00:00:29:20 的位置；
❷在"效果控件"面板中，单击"不透明度"选项
右侧的"添加 / 移除关键帧"按钮⏺，如图 13-153
所示，即可添加关键帧。

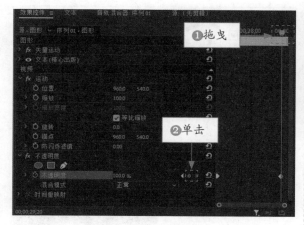

图 13-153　添加关键帧（4）

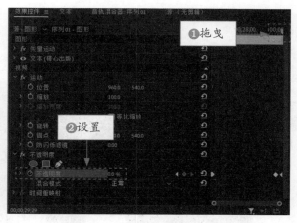

图 13-154　添加关键帧（5）

STEP 30 ❶拖曳时间指示器至 00:00:29:29 的位置；
❷设置"不透明度"为 0.0%，如图 13-154 所示，
即可添加关键帧。

STEP 31 在"节目监视器"面板中单击"播放 - 停
止切换"按钮▶，即可预览动画效果，如图 13-155
所示。

图 13-155　预览动画效果

▶ 专家指点

　　在 Premiere Pro 2023 中，当两组关键帧的参数值一致时，可直接复制前一组关键帧，在相应位
置处粘贴即可添加下一组关键帧。

▶ 13.3 ◀ 视频后期处理

　　当用户对视频编辑完成后，接下来就可以对视频进行后期处理，主要包括在影片中添加音频素材以及
渲染输出影片文件。

13.3.1　制作图书宣传背景音效

　　在 Premiere Pro 2023 中，为视频添加配乐，可以增加视频的感染力，下面介绍制作视频背景音乐的操
作方法。

	素材文件	无
	效果文件	无
	视频文件	视频 \ 第 13 章 \13.3.1　制作图书宣传背景音效 .mp4

【操练 + 视频】——制作图书宣传背景音效

STEP 01 将时间指示器拖曳至开始位置处，在"项目"面板中选择音乐素材，按住鼠标左键将其拖曳至 A1 轨道中，如图 13-156 所示。

图 13-156　添加音乐素材

STEP 02 在"效果"面板中，展开"音频过渡"|"交叉淡化"选项，选择"恒定功率"特效，如图 13-157 所示。

图 13-157　选择"恒定功率"特效

STEP 03 按住鼠标左键，将其拖曳至音乐素材的起始点与结束点，添加音频过渡特效，如图 13-158 所示。

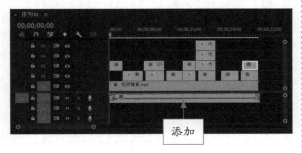

图 13-158　添加音频过渡特效

13.3.2　渲染导出图书宣传视频

创建并保存视频文件后，用户即可对其进行渲

染，渲染完成后可以将视频分享至各种新媒体平台，视频的渲染时间根据项目的长短以及计算机配置的高低而略有不同。下面介绍渲染导出图书宣传视频的操作方法。

素材文件	无
效果文件	效果＼第 13 章＼图书宣传 .mp4
视频文件	视频＼第 13 章＼13.3.2　渲染导出图书宣传视频 .mp4

【操练 + 视频】——渲染导出图书宣传视频

STEP 01 选择"文件"|"导出"|"媒体"命令，如图 13-159 所示。

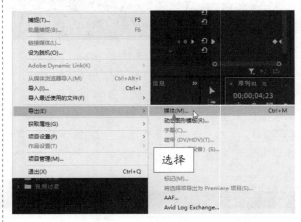

图 13-159　选择"媒体"命令

STEP 02 执行上述操作后，进入"导出"界面，在"导出设置"选项区中设置"预设"为"高品质 720p HD"，"格式"为 H.264，如图 13-160 所示。

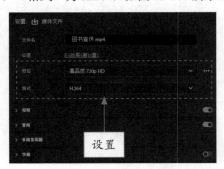

图 13-160　设置参数值

STEP 03 单击"位置"右侧的超链接，弹出"另存为"对话框，在其中设置保存位置和文件名，如图 13-161 所示。

图 13-161　设置保存位置和文件名

图 13-162　单击"导出"按钮

图 13-163　显示导出进度

STEP 04 设置完成后，单击"保存"按钮，然后单击"导出"界面右下角的"导出"按钮，如图 13-162 所示。

STEP 05 执行上述操作后，弹出"编码 序列 01"对话框，开始导出视频文件，并显示导出进度，如图 13-163 所示。导出完成后，即可完成视频文件的导出。

第14章

制作抖音视频——《夜景卡点》

章前知识导读

　　夜景卡点视频是抖音的热门视频之一，它凭借着超强的音乐节奏和五彩缤纷的颜色交错在一起，受到了广大用户的欢迎。本章将详细介绍夜景卡点视频的制作方法，其中包括导入夜景卡点视频素材，制作夜景卡点遮罩效果、缩放效果，添加音频文件和导出夜景卡点视频等内容。

新手重点索引

■ 效果欣赏与技术提炼　　　■ 视频制作过程

■ 视频后期处理

效果图片欣赏

14.1 效果欣赏与技术提炼

卡点视频是 2023 年抖音上很热门的一种视频类型，好看的视频配上有节奏的音乐，给人一种赏心悦目、身临其境的体验感，这也是它能成为热门视频的主要原因。

14.1.1 效果欣赏

下面以夜景卡点为例，主要介绍制作夜景卡点视频的操作方法，效果如图 14-1 所示。

图 14-1 视频效果

14.1.2 技术提炼

用户首先需要将抖音视频的素材导入素材库中，然后将视频素材添加至视频轨道中，为视频素材添加遮罩效果和制作卡点效果，最后添加音乐文件。

14.2 视频制作过程

本节主要介绍《夜景卡点》视频文件的制作过程，包括导入夜景卡点视频素材、制作视频遮罩效果以及制作卡点效果等内容。

14.2.1 导入夜景素材文件

在编辑夜景卡点视频之前，首先需要导入媒体素材文件。下面以通过"新建"命令为例，介绍导入夜景素材文件的操作方法。

素材文件	素材＼第 14 章＼"夜景卡点"文件夹
效果文件	无
视频文件	视频＼第 14 章＼14.2.1　导入夜景素材文件 .mp4

【操练＋视频】——导入夜景素材文件

STEP 01 ❶新建一个名为"夜景卡点"的项目文件；❷单击"创建"按钮，如图 14-2 所示。

图 14-2　新建项目文件

STEP 02 选择"文件"|"新建"|"序列"命令，新建一个序列。选择"文件"|"导入"命令，弹出"导入"对话框，在其中选择合适的素材文件，如图 14-3 所示。

STEP 03 单击对话框下方的"打开"按钮，即可将选择的图像文件导入到"项目"面板中，如图 14-4 所示。

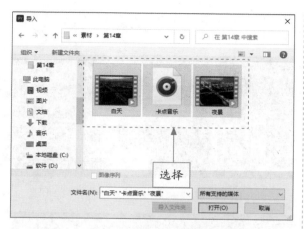

图 14-3　选择合适的素材

图 14-4　导入到"项目"面板中

STEP 04 调整时间指示器至开始位置，将导入的视频文件"白天.mp4"拖曳至"时间轴"面板中的 V1 轨道上，如图 14-5 所示。

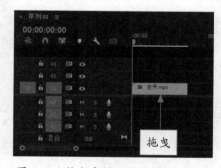

图 14-5　拖曳素材至"时间轴"面板

STEP 05 执行操作后，选中 V1 轨道上的素材，单击鼠标右键，在弹出的快捷菜单中选择"速度/持续时间"命令，如图 14-6 所示。

STEP 06 弹出"剪辑速度/持续时间"对话框，设置"持续时间"为 00:00:06:14，如图 14-7 所示，单击"确定"按钮，即可完成视频时间的设置。

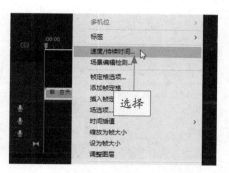

图 14-6　选择"速度/持续时间"命令

图 14-7　设置"持续时间"参数

▶ 专家指点

　　在 Premiere Pro 2023 中，用户除了可以导入视频制作夜景卡点视频之外，还可以导入夜景照片，根据自己的喜好选择相应的素材。

14.2.2　制作夜景卡点遮罩效果

　　夜景卡点视频中最重要的就是给视频添加遮罩效果，加了遮罩后的视频便可以达到忽明忽暗的效果了。下面就对视频遮罩效果的制作方法进行详细介绍。

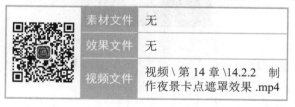

素材文件	无
效果文件	无
视频文件	视频\第 14 章\14.2.2　制作夜景卡点遮罩效果.mp4

【操练 + 视频】
——制作夜景卡点遮罩效果

STEP 01 将视频文件"夜景.mp4"拖曳至"时间轴"面板中的 V2 轨道上，如图 14-8 所示。

STEP 02 执行操作后，选中 V2 轨道上的素材，单击鼠标右键，在弹出的快捷菜单中选择"速度/持续时间"命令，如图 14-9 所示。

图 14-8　拖曳素材至"时间轴"面板

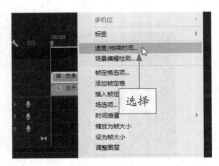

图 14-9　选择"速度／持续时间"命令

STEP 03 弹出"剪辑速度／持续时间"对话框，设置"持续时间"为 00:00:06:14，如图 14-10 所示。单击"确定"按钮，即可完成视频时间的设置。

图 14-10　设置"持续时间"参数

STEP 04 选取工具箱中的"剃刀工具" ，在 V2 轨道上 00:00:01:06、00:00:01:15、00:00:02:00、00:00:02:06、00:00:02:16、00:00:03:02、00:00:03:13 以 及 00:00:04:08 的位置处单击，将 V2 轨道上的素材分割成九段，如图 14-11 所示。

STEP 05 选中 V2 轨道上切割后的第一个素材，在"效果控件"面板中，单击"自由绘制贝塞尔曲线"按钮 ，创建"蒙版（1）"效果，如图 14-12 所示。

STEP 06 在"节目监视器"面板中的图像素材上，

沿公路边缘单击，绘制一个与画面契合的蒙版，如图 14-13 所示。

图 14-11　分割素材

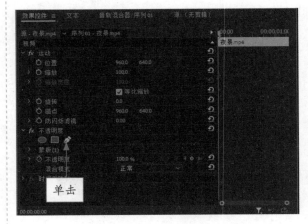

图 14-12　单击"自由绘制贝塞尔曲线"按钮

图 14-13　绘制蒙版

▶ **专家指点**

　　视频素材时间的设置可以根据用户自己的体验感来设置，本章的视频素材是为了配合所选择的卡点音乐而设置的时长，若用户觉得视频时间太短的话，可以搭配其他音乐更改素材的时长。

STEP 07 在"效果控件"面板中，单击"不透明度"选项左侧的"切换动画"按钮，如图 14-14 所示，即可添加关键帧。

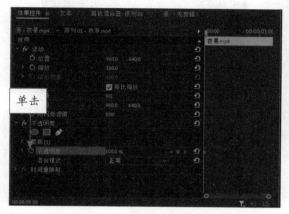

图 14-14 添加关键帧（1）

STEP 08 完成上述操作后，在"效果控件"面板中，设置"不透明度"为 20.0%，如图 14-15 所示。

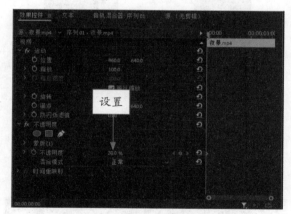

图 14-15 设置关键帧参数

STEP 09 ❶拖曳时间指示器至 00:00:00:01 的位置；❷设置"不透明度"为 100.0%，如图 14-16 所示，即可添加关键帧。

STEP 10 在"效果控件"面板中的"蒙版（1）"选项上单击鼠标右键，在弹出的快捷菜单中选择"复制"命令，如图 14-17 所示。

STEP 11 选中 V2 轨道上的第二个素材，在"效果控件"面板中的"不透明度"选项上单击鼠标右键，在弹出的快捷菜单中选择"粘贴"命令，如图 14-18 所示，即可将"蒙版（1）"效果粘贴至第二个素材上。

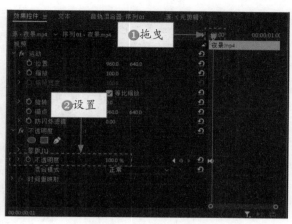

图 14-16 添加关键帧（2）

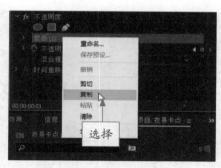

图 14-17 选择"复制"命令

图 14-18 选择"粘贴"命令

STEP 12 在"效果控件"面板中，❶展开"蒙版（1）"选项；❷单击"蒙版路径"选项左侧的"切换动画"按钮，如图 14-19 所示，即可添加关键帧。

STEP 13 在"效果控件"面板中，❶拖曳时间指示器至 00:00:01:11 的位置；❷选择"蒙版（1）"选项，如图 14-20 所示。

STEP 14 在"节目监视器"面板中调整蒙版画面，使蒙版包含全部公路，如图 14-21 所示，即可添加关键帧。

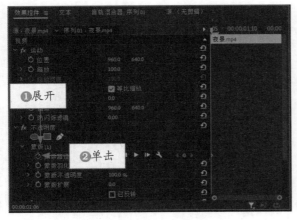

图 14-19　添加关键帧（1）

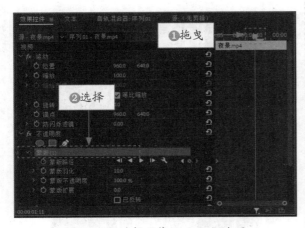

图 14-20　选择"蒙版（1）"选项

图 14-21　添加关键帧（2）

STEP 15 在"效果控件"面板中选中"蒙版（1）"
选项，单击鼠标右键，在弹出的快捷菜单中选择"复
制"命令，如图 14-22 所示。

图 14-22　选择"复制"命令

STEP 16 选中 V2 轨道上的第三个素材，在"效果
控件"面板中的"不透明度"选项上单击鼠标右
键，在弹出的快捷菜单中选择"粘贴"命令，如
图 14-23 所示，即可将"蒙版（1）"效果粘贴至第
三个素材上。

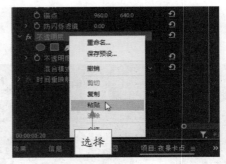

图 14-23　选择"粘贴"命令

STEP 17 在"效果控件"面板中，❶展开"蒙版（1）"
选项；❷单击"蒙版路径"选项左侧的"切换动画"
按钮，如图 14-24 所示，即可删除全部关键帧。

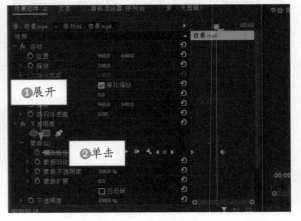

图 14-24　删除关键帧

STEP 18 完成上述操作后，在"效果控件"面板中，

单击"自由绘制贝塞尔曲线"按钮 ，如图 14-25 所示，即可创建"蒙版（2）"效果。

图 14-25 创建"蒙版（2）"

STEP 19 在"节目监视器"面板中的图像素材上，沿房屋边缘单击，绘制一个与画面契合的蒙版，如图 14-26 所示。

图 14-26 绘制蒙版

STEP 20 在"效果控件"面板中的"蒙版（1）"选项上单击鼠标右键，在弹出的快捷菜单中选择"复制"命令，如图 14-27 所示。

STEP 21 选中 V2 轨道上的第四个素材，在"效果控件"面板中的"不透明度"选项上单击鼠标右键，在弹出的快捷菜单中选择"粘贴"命令，如图 14-28 所示，即可将"蒙版（1）"效果粘贴至第四个素材上。

STEP 22 重复上述两个步骤，将"蒙版（2）"效果也复制至第四个素材上，如图 14-29 所示。

图 14-27 选择"复制"命令

图 14-28 选择"粘贴"命令

图 14-29 复制"蒙版（2）"效果

STEP 23 完成上述操作后，在"效果控件"面板中，单击"自由绘制贝塞尔曲线"按钮 ，创建"蒙版（3）"效果，如图 14-30 所示。

STEP 24 在"节目监视器"面板中的图像素材上，沿房屋边缘单击，绘制一个与画面契合的蒙版，如图 14-31 所示。

STEP 25 在"效果控件"面板中的"蒙版（1）"选项上单击鼠标右键，在弹出的快捷菜单中选择"复制"命令，如图 14-32 所示。

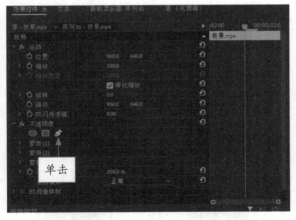

图 14-30 创建"蒙版（3）"

图 14-31 绘制蒙版

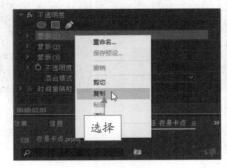

图 14-32 选择"复制"命令

STEP 26 选中 V2 轨道上的第五个素材，在"效果控件"面板中的"不透明度"选项上单击鼠标右键，在弹出的快捷菜单中选择"粘贴"命令，如图 14-33 所示，即可将"蒙版（1）"效果粘贴至第五个素材上。

STEP 27 重复上述两个步骤，将"蒙版（2）"效果、"蒙

版（3）"效果也复制至第五个素材上，如图 14-34 所示。

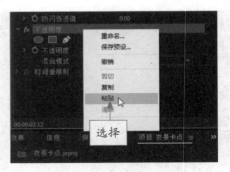

图 14-33 选择"粘贴"命令

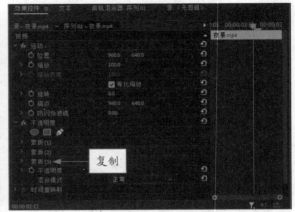

图 14-34 复制相应蒙版效果

STEP 28 在"效果控件"面板中选中"蒙版（3）"选项，在"节目监视器"面板中调整蒙版画面，使蒙版包含更多房屋，如图 14-35 所示。

图 14-35 调整蒙版画面

STEP 29 完成上述操作后，在"效果控件"面板中

的"蒙版（1）"选项上单击鼠标右键，在弹出的快捷菜单中选择"复制"命令，如图 14-36 所示。

图 14-36　选择"复制"命令

STEP 30 选中 V2 轨道上的第六个素材，在"效果控件"面板中的"不透明度"选项上单击鼠标右键，在弹出的快捷菜单中选择"粘贴"命令，如图 14-37 所示，即可将"蒙版（1）"效果粘贴至第六个素材上。

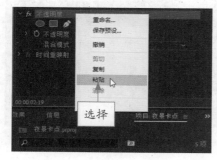

图 14-37　选择"粘贴"命令

STEP 31 重复上述两个步骤，将"蒙版（2）"效果、"蒙版（3）"效果也复制至第六个素材上，如图 14-38 所示。

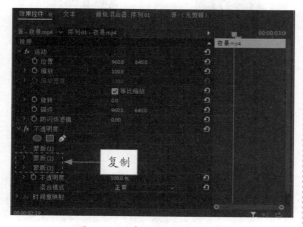

图 14-38　复制相应蒙版效果

STEP 32 完成上述操作后，在"效果控件"面板中，单击"自由绘制贝塞尔曲线"按钮，如图 14-39 所示，创建"蒙版（4）"效果。

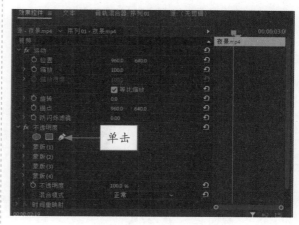

图 14-39　创建"蒙版（4）"

STEP 33 在"节目监视器"面板中的图像素材上，沿房屋边缘单击，绘制一个与画面契合的蒙版，如图 14-40 所示。

图 14-40　绘制蒙版

STEP 34 在"效果控件"面板中的"蒙版（1）"选项上单击鼠标右键，在弹出的快捷菜单中选择"复制"命令，如图 14-41 所示。

图 14-41　选择"复制"命令

STEP 35 选中 V2 轨道上的第七个素材，在"效果控件"面板中的"不透明度"选项上，单击鼠标右键，在弹出的快捷菜单中选择"粘贴"命令，如图 14-42 所示，即可将"蒙版（1）"效果粘贴至第七个素材上。

图 14-42　选择"粘贴"命令

STEP 36 重复上述两个步骤，将"蒙版（2）"效果、"蒙版（3）"效果、"蒙版（4）"效果也复制至第七个素材上，如图 14-43 所示。

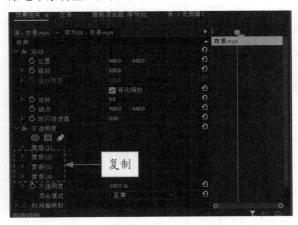

图 14-43　复制相应蒙版效果

STEP 37 完成上述操作后，在"效果控件"面板中选中"蒙版（4）"选项，在"节目监视器"面板中调整蒙版画面，使蒙版包含更多房屋，如图 14-44 所示。

STEP 38 在"效果控件"面板中的"蒙版（4）"选项上，单击鼠标右键，在弹出的快捷菜单中选择"复制"命令，如图 14-45 所示。

STEP 39 选中 V2 轨道上的第八个素材，在"效果控件"面板中的"不透明度"选项上，单击鼠标右键，在弹出的快捷菜单中选择"粘贴"命令，如

图 14-46 所示，即可将"蒙版（4）"效果粘贴至第八个素材上。

图 14-44　调整蒙版画面

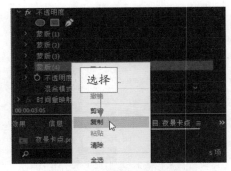

图 14-45　选择"复制"命令

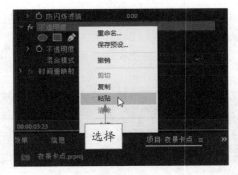

图 14-46　选择"粘贴"命令

STEP 40 在"效果控件"面板中选中"蒙版（4）"选项，在"节目监视器"面板中调整蒙版画面，使蒙版包含公路和更多房屋，如图 14-47 所示。

STEP 41 完成上述操作后，在"效果控件"面板中的"蒙版（4）"选项上，单击鼠标右键，在弹出的快捷菜单中选择"复制"命令，如图 14-48 所示。

图 14-47　调整蒙版画面

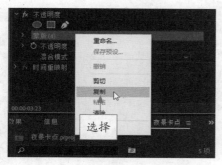

图 14-48　选择"复制"命令

STEP 42 选中 V2 轨道上的第九个素材，在"效果控件"面板中的"不透明度"选项上，单击鼠标右键，在弹出的快捷菜单中选择"粘贴"命令，如图 14-49 所示，即可将"蒙版（4）"效果粘贴至第九个素材上。

图 14-49　选择"粘贴"命令

STEP 43 在"效果控件"面板中选中"蒙版（4）"选项，在"节目监视器"面板中调整蒙版画面，使蒙版包含全部建筑，如图 14-50 所示。

STEP 44 在"节目监视器"面板中，单击"播

放 - 停止切换"按钮▶，即可预览遮罩效果，如图 14-51 所示。

图 14-50　调整蒙版画面

图 14-51　预览遮罩效果

14.2.3　制作夜景卡点聚光灯效果

在完成夜景卡点视频的遮罩效果之后，就是对视频素材添加聚光灯效果了，聚光灯效果可以使视频内容更加丰富且流畅。下面介绍添加聚光灯效果的操作方法。

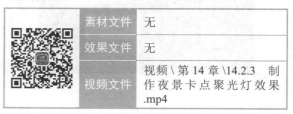

素材文件	无
效果文件	无
视频文件	视频 \ 第 14 章 \14.2.3　制作夜景卡点聚光灯效果 .mp4

【操练 + 视频】
——制作夜景卡点聚光灯效果

STEP 01 在"时间轴"面板中，选择 V1 轨道上的

271

素材，如图 14-52 所示。

图 14-52　选择相应素材

STEP 02 按住 Alt 键，拖曳 V1 轨道上的素材至 V3 轨道，如图 14-53 所示，即可将素材复制至 V3 轨道上。

图 14-53　拖曳素材

STEP 03 ❶拖曳时间指示器至 00:00:01:06 的位置；❷选取工具箱中的"剃刀工具"，在时间指示器处单击，分割 V3 轨道上的素材，如图 14-54 所示。

图 14-54　分割相应素材

STEP 04 选择 V3 轨道上的第二个素材，按 Delete 键删除，如图 14-55 所示。

STEP 05 在"时间轴"面板中调整时间指示器至起始位置，选择 V3 轨道上的素材，在"效果控

件"面板中，单击"创建椭圆形蒙版"按钮，如图 14-56 所示。

图 14-55　删除素材

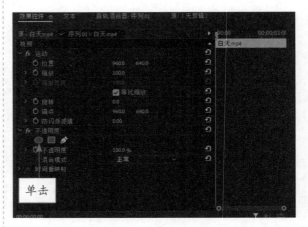

图 14-56　单击"创建椭圆形蒙版"按钮

STEP 06 在"节目监视器"面板中，将新建的椭圆形蒙版拖曳至画面右下角，调整蒙版大小，如图 14-57 所示。

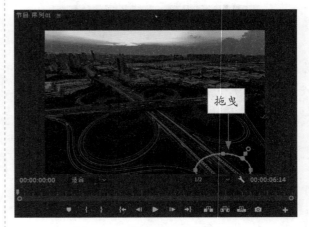

图 14-57　调整蒙版位置和大小

STEP 07 在"效果控件"面板中，单击"蒙版路径"

选项左侧的"切换动画"按钮 ，如图 14-58 所示，即可添加关键帧。

图 14-58　添加关键帧（1）

STEP 08 调整时间指示器至 00:00:00:08 的位置，在"效果控件"面板中选择"蒙版（1）"选项，在"节目监视器"面板中，拖曳蒙版至左上角公路尽头的位置，如图 14-59 所示，即可添加关键帧。

图 14-59　添加关键帧（2）

STEP 09 调整时间指示器至 00:00:00:15 的位置，在"节目监视器"面板中，❶展开"选择缩放级别"选项，❷选择 10% 选项，如图 14-60 所示，即可添加关键帧。

STEP 10 在"效果控件"面板中，单击"蒙版扩展"选项左侧的"切换动画"按钮 ，选择"蒙版（1）"选项，在"节目监视器"面板中，拖曳蒙版至右下角画面外，如图 14-61 所示，将缩放级别调回"适合"，即可添加关键帧。

STEP 11 调整时间指示器至 00:00:00:05 的位置和 00:00:00:10 的位置，在"节目监视器"面板中，向左拖曳蒙版至公路转折点的位置，如图 14-62 所示，即可添加关键帧。

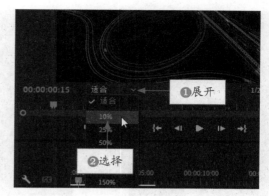

图 14-60　添加关键帧（3）

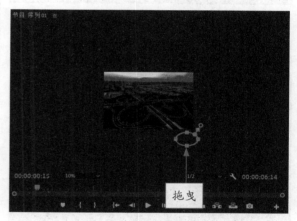

图 14-61　添加关键帧（4）

图 14-62　添加关键帧（5）

STEP 12 在"效果控件"面板中，❶拖曳时间指示器至 00:00:00:20 的位置；❷设置"蒙版扩展"为 2000.0，如图 14-63 所示，即可添加关键帧。

STEP 13 在"效果控件"面板中，选中"已反转"复选框，如图 14-64 所示。

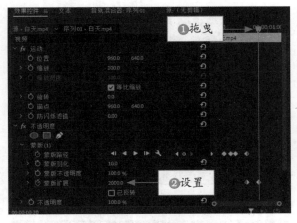

图 14-63　添加关键帧（6）

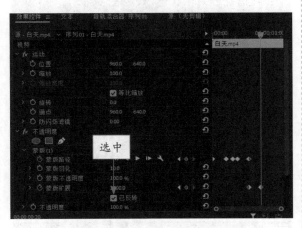

图 14-64　选中"已反转"复选框

STEP 14 在"节目监视器"面板中，单击"播放-停止切换"按钮▶，即可预览聚光灯效果，如图 14-65 所示。

图 14-65　预览聚光灯效果

14.2.4　制作片尾夜幕效果

在完成夜景卡点视频的聚光灯效果的制作后，就可以对视频素材添加片尾夜幕效果了，片尾夜幕效果可以让视频富有层次感。

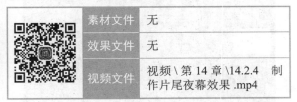

素材文件	无
效果文件	无
视频文件	视频 \ 第 14 章 \14.2.4　制作片尾夜幕效果 .mp4

【操练＋视频】
——制作片尾夜幕效果

STEP 01 在"时间轴"面板中，选择 V2 轨道上的最后一个素材，如图 14-66 所示。

图 14-66　选择相应素材

STEP 02 按住 Alt 键，拖曳 V2 轨道上的素材至 V3 轨道，如图 14-67 所示，即可将素材复制至 V3 轨道上。

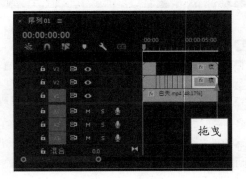

图 14-67　拖曳素材

STEP 03 选中 V3 轨道中的第二个素材，在"效果控件"面板中，选择"蒙版（4）"选项，如图 14-68 所示，按 Delete 键删除蒙版。

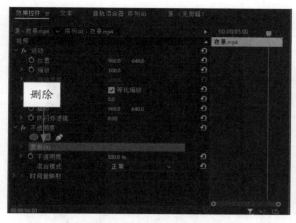

图 14-68　删除"蒙版（4）"效果

STEP 04 在"效果控件"面板中，❶拖曳时间指示器至 00:00:05:00 的位置；❷单击"不透明度"选项左侧的"切换动画"按钮；❸设置"不透明度"为 0.0%，如图 14-69 所示，即可添加关键帧。

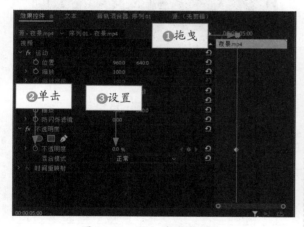

图 14-69　添加关键帧（1）

STEP 05 在"效果控件"面板中，❶拖曳时间指示器至 00:00:06:03 的位置；❷设置"不透明度"为 100.0%，如图 14-70 所示，即可添加关键帧。

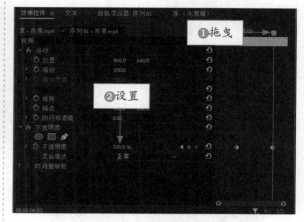

图 14-70　添加关键帧（2）

STEP 06 在"节目监视器"面板中，单击"播放 - 停止切换"按钮 ，即可预览片尾夜幕效果，如图 14-71 所示。

图 14-71　预览片尾夜幕效果

14.3　视频后期处理

　　当用户对视频编辑完成后，接下来可以对视频进行后期处理，主要包括在影片中添加音频素材以及渲染输出影片文件。

14.3.1　添加夜景卡点音频文件

　　夜景卡点视频的灵魂之处，就在于添加卡点音频文件，可以更好地给视频增加感染力。下面介绍添加夜景卡点音频文件的操作方法。

素材文件	无
效果文件	无
视频文件	视频 \ 第 14 章 \14.3.1　添加夜景卡点音频文件 .mp4

【操练 + 视频】
——添加夜景卡点音频文件

STEP 01 在"时间轴"面板中调整时间指示器至开始位置，在"项目"面板中选择音频素材，按住鼠标左键，将其拖曳至 A1 轨道中，如图 14-72 所示。

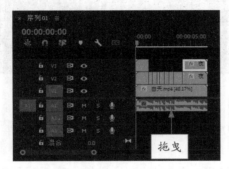

图 14-72　拖曳音频素材

STEP 02 在"效果"面板中，展开"音频过渡"|"交叉淡化"选项，选择"恒定功率"特效，如图 14-73 所示。

图 14-73　选择"恒定功率"特效

STEP 03 按住鼠标左键，将其拖曳至音乐素材的起始点与结束点，添加音频过渡特效，如图 14-74 所示。

STEP 04 在"节目监视器"面板中，单击"播放 - 停止切换"按钮▶，即可预览卡点视频整体效果，如图 14-75 所示。

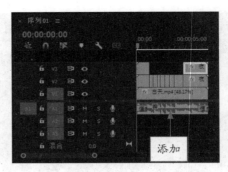

图 14-74　添加音频过渡特效

图 14-75　预览视频效果

14.3.2　渲染导出夜景卡点视频

　　创建并保存视频文件后，用户即可对其进行渲染，渲染完成后可以将视频分享至各种新媒体平台，视频的渲染时间根据项目的长短以及计算机配置的高低而略有不同。下面介绍渲染导出夜景卡点视频的操作方法。

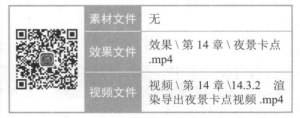

素材文件	无
效果文件	效果 \ 第 14 章 \ 夜景卡点 .mp4
视频文件	视频 \ 第 14 章 \14.3.2　渲染导出夜景卡点视频 .mp4

【操练 + 视频】
——渲染导出夜景卡点视频

STEP 01 选择"文件"|"导出"|"媒体"命令，如图 14-76 所示。

STEP 02 执行上述操作后，进入"导出"界面，在"导出设置"选项区中设置"预设"为"高品质 720p HD"，"格式"为 H.264，如图 14-77 所示。

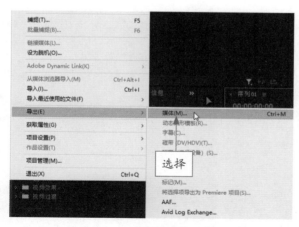

图 14-76　选择"媒体"命令

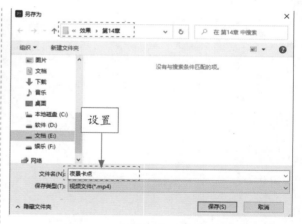

图 14-78　设置保存位置和文件名

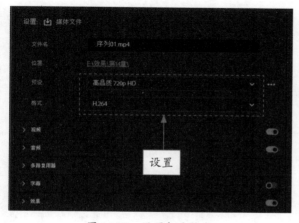

图 14-77　设置相应格式

STEP 03 单击"位置"右侧的超链接，弹出"另存为"对话框，在其中设置保存位置和文件名，如图 14-78 所示。

STEP 04 设置完成后，单击"保存"按钮，然后单击"导出"界面右下角的"导出"按钮，如图 14-79 所示。

STEP 05 执行上述操作后，弹出"编码 序列 01"对话框，开始导出视频文件，并显示导出进度，如图 14-80 所示。导出完成后，即可完成视频文件的导出。

图 14-79　单击"导出"按钮

图 14-80　显示导出进度

► 专家指点

　　在导出视频的过程中，除了经常用到的 MP4 格式之外，用户还可以根据自己的需求设置其他格式。